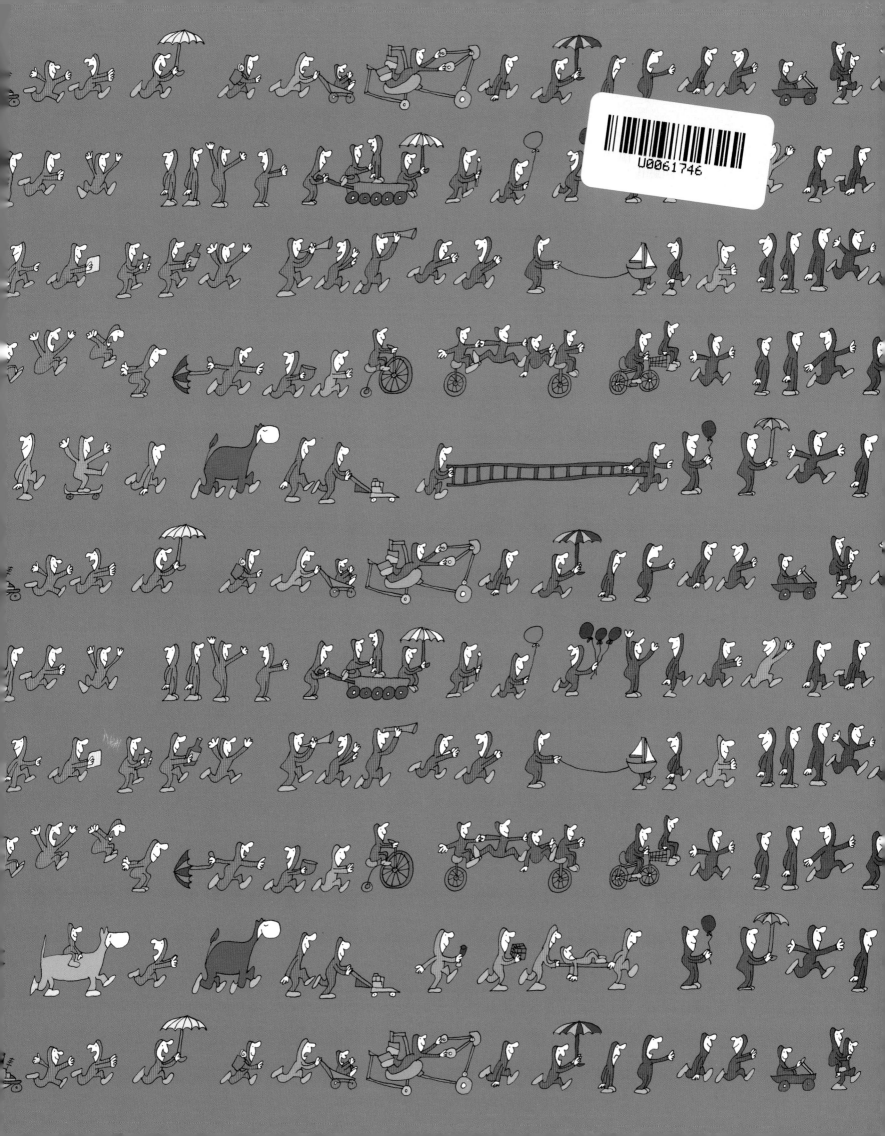

靈感小精靈講故事

發明的故事

三聯書店〔香港〕有限公司

插圖：麗薩·斯沃林　拉爾夫·拉幾爾

文字：吉利·麥克里德

翻譯：趙迎春·謝琳·偉文

目錄

這真是一本了不起的書！

太奇妙了！

它真令人吃驚！

你一定會愛不釋手的！

A Dorling Kindersley Book
www.dk.com

How Nearly Everything Was Invented
by the Brainwaves

Original English copyright © 2006
Dorling Kindersley Limited, London
Chinese translation copyright © 2008
Joint Publishing (Hong Kong) Company Limited

責任編輯　羅　芳

靈感小精靈講故事
發明的故事

插　圖　麗薩·斯沃林、拉爾夫·拉撒爾
文　字　吉利·麥克里德
翻　譯　趙迎春、謝琳、偉文
出　版　三聯書店（香港）有限公司
　　　　香港鰂魚涌英皇道1065號1304室
　　　　JOINT PUBLISHING (HONG KONG) CO., LTD.
　　　　Rm.1304, 1065 King's Road, Quarry Bay, Hong Kong
香港發行　香港聯合書刊物流有限公司
　　　　香港新界大埔汀麗路36號3字樓
版　次　2008年2月香港第一版第一次印刷
規　格　特8開（252×301mm）64面
國際書號　ISBN 978-962-04-2690-2
© 2008 Joint Publishing (Hong Kong) Co., Ltd.
Published in Hong Kong

關於這本書

通過靈感小精靈指引——即文中那些擁有絕妙好主意的小人兒——這本神奇的書將帶領你輕鬆愉快地瞭解世界上最重要的一些發明。本書重點講述發明的影響，以及一個創意是如何引發另一個創意的。這本書的一個重要特色是每六頁雙面摺疊插頁集中介紹一項重要的發明，如透鏡、蒸汽機、電燈、內燃機、晶體管和火藥，不僅探尋那些先於它們的發明，還介紹它們如何促進了其他發明。此外，這本書的特別之處還在於，它介紹了那些偉大創意背後的人、經典的失敗案例和未來將會出現什麼。

特別的"工作原理"框給出了詳盡的說明

用肖像漫畫介紹了發明者

大事年表中列出了經典發明的發展過程

剖面圖解展示了工作原理

介紹

每張摺疊插頁的首尾兩頁會介紹一個重要發明，並探討該發明所產生的某種深遠影響（比如，小汽車的歷史可以追溯到內燃機的發展）。

路標會指引你探奇覽勝

揭示一個創意如何引發另一個創意

重要發明被置於有着前因後果的歷史背景中

摺疊式插頁

隨着摺疊式插頁逐步展開，以某項重要發明為核心、包含了相關發明的一個網絡將被展示出來。你會看到在這項重要發明之前和之後出現了什麼，而所有的這些創意又是如何相互關聯的。

靈感小精靈們帶領你從一個發明到另一個發明

為每幅插圖所配的文字詳細地介紹了那些發明

注意我哦！

在整本書中，我都會忙着在我的手推車上裝滿各種發明，並將各種神奇的想法裝進我的大腦。那在這本書的最後，我就會有我自己的靈感了……

獨特之處

透過一張張摺疊插頁，我們可以從不同角度來認識發明的世界：關注這些發明本身；瞭解一些更為古怪的、從未實現的想法；預見那些仍停留在製圖板上的設想。

尋找一種更好的方式

從人類在一百萬年以前第一次在地球上留下足跡開始，那種"一定能有比現在更好的方式"的信念就激勵着他們去發明各種各樣的東西。其中一些發明是某個人獨立工作的智慧結晶，而其餘的則是集體努力的結果。一些發明經歷了長時期的演變，許多人為其發展付出了心血；另一些發明則在幾天之內就誕生了。不管怎樣，它們的出現肯定了一件事情——如果沒有這些發明，我們所有人仍然生活在洞穴裏。

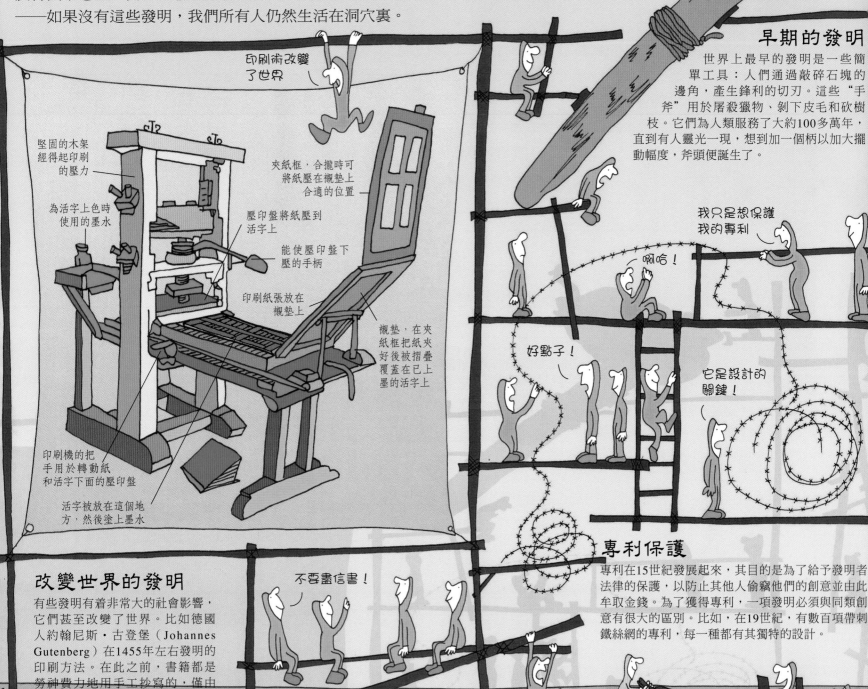

印刷術改變了世界

堅固的木架經得起印刷的壓力

為活字上色時使用的墨水

夾紙框，合攏時可將紙壓在襯墊上合適的位置

壓印盤將紙壓到活字上

能使壓印盤下壓的手柄

印刷紙張放在襯墊上

襯墊，在夾紙框把紙夾好後被摺疊覆蓋在已上墨的活字上

印刷機的把手用於轉動紙和活字下面的壓印盤

活字被放在這個地方，然後塗上墨水

早期的發明

世界上最早的發明是一些簡單工具：人們通過敲碎石塊的邊角，產生鋒利的切刃。這些"手斧"用於屠殺獵物、剝下皮毛和砍樹枝。它們為人類服務了大約100多萬年，直到有人靈光一現，想到加一個柄以加大擺動幅度，斧頭便誕生了。

我只是想保護我的專利

啊哈！

好點子！

它是設計的關鍵！

專利保護

專利在15世紀發展起來，其目的是為了給予發明者法律的保護，以防止其他人偷竊他們的創意並由此牟取金錢。為了獲得專利，一項發明必須與同類創意有很大的區別。比如，在19世紀，有數百項帶刺鐵絲網的專利，每一種都有其獨特的設計。

改變世界的發明

有些發明有着非常大的社會影響，它們甚至改變了世界。比如德國人約翰尼斯·古登堡（Johannes Gutenberg）在1455年左右發明的印刷方法。在此之前，書籍都是勞神費力地用手工抄寫的，僅由牧師、學者和國王收藏。但在那之後，書籍可以批量生產了，所有能閱讀書籍的人都可以分享新的觀念。事情變得跟以前不一樣了！

不要盡信書！

α，狐步，伊基，伊基，探戈，點，點，劃

這要麼是胡言亂語，要麼是火星人語言，要不就是某種形式的密碼

代碼和語言

有些人出名並不是因為他發明了某種裝置，而是發明了代碼和語言。賽繆爾·摩斯（Samuel Morse）廣為人知是因他的摩斯電碼——一種曾被廣泛應用於發送電報的由點與劃構成的代碼。另外，電腦先鋒格蕾絲·霍珀（Grace Hopper）發明了一種新語言COBOL（面向商業的通用語言），改變了電腦編程的方式。

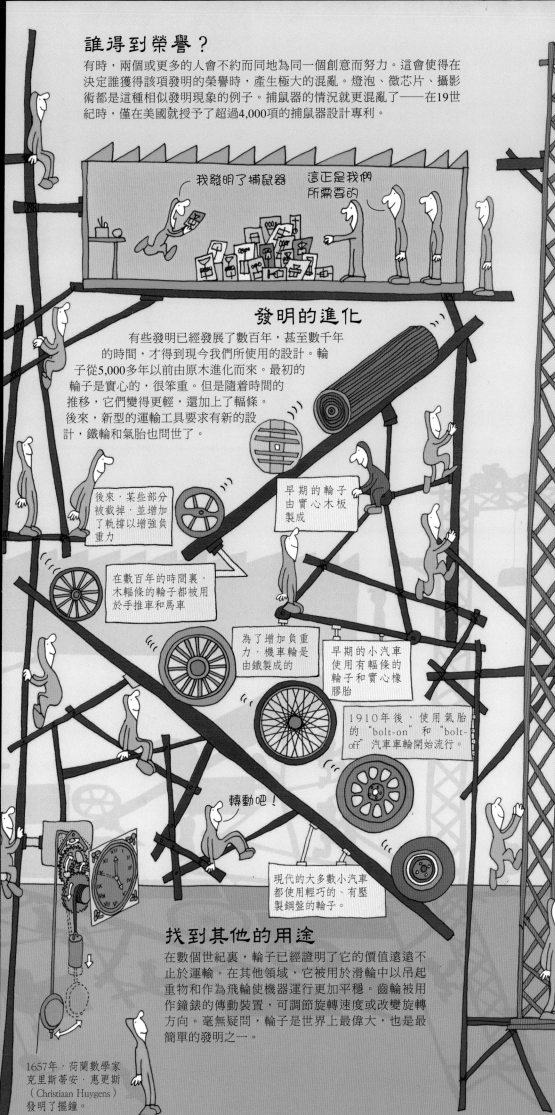

誰得到榮譽？

有時，兩個或更多的人會不約而同地為同一個創意而努力。這會使得在決定誰獲得該項發明的榮譽時，產生極大的混亂。燈泡、微芯片、攝影術都是這種相似發明現象的例子。捕鼠器的情況就更混亂了——在19世紀時，僅在美國就授予了超過4,000項的捕鼠器設計專利。

我發明了捕鼠器

這正是我們所需要的

發明的進化

有些發明已經發展了數百年，甚至數千年的時間，才得到現今我們所使用的設計。輪子從5,000多年以前由原木進化而來。最初的輪子是實心的，很笨重。但是隨着時間的推移，它們變得更輕，還加上了輻條。後來，新型的運輸工具要求有新的設計，鐵輪和氣胎也問世了。

後來，某些部分被截掉，並增加了軌撐以增強負重力

早期的輪子由實心木板製成

在數百年的時間裏，木輻條的輪子都被用於手推車和馬車

為了增加負重力，機車輪是由鐵製成的

早期的小汽車使用有輻條的輪子和實心橡膠胎

1910年後，使用氣胎的 "bolt-on" 和 "bolt-off" 汽車車輪開始流行。

轉動吧！

現代的大多數小汽車都使用輕巧的、有壓製鋼盤的輪子。

找到其他的用途

在數個世紀裏，輪子已經證明了它的價值遠遠不止於運輸。在其他領域，它被用於滑輪中以吊起重物和作為飛輪使機器運行更加平穩。齒輪被用作鐘錶的傳動裝置，可調節旋轉速度或改變旋轉方向。毫無疑問，輪子是世界上最偉大，也是最簡單的發明之一。

1657年，荷蘭數學家克里斯蒂安·惠更斯（Christiaan Huygens）發明了擺鐘。

材料的發明

並不是所有的發明都是裝置——有些是真正具有實用特性的新型材料。比如，1907年，美國科學家利奧·貝克蘭（Leo Baekeland）發明了酚醛塑料，它是世界上第一種真正的人工合成塑料。因為這種塑料抗熱、絕緣、防蝕，它很快被用於製造電話、相機、水壺、珠寶等器物。

神奇的塑料

我沒聽到一點聲音

我早就告訴過你他是沒心的！

醫療物品

醫生們長期以來都熱衷於發現診斷疾病和治癒病患的更佳方法。比如，1816年，年輕的法國醫生勒內·雷奈克（René Laënnec）設計了一種使用空心木管聽病人心跳的方法。正是他發明了聽診器。

有人發明廁紙了嗎？

讓人臉紅的成功

許多發明並沒有改變世界，不過是讓我們生活得更舒適一些。我們要感謝英國女王伊麗莎白一世的教子約翰·哈林頓（John Harrington），因為他發明了一件有點奢侈的生活用品。他在1589年製造了第一個抽水馬桶。這件發明給女王留下了深刻的印象，於是她請人給她做了一個！

內窺鏡

顯微鏡已經在醫學領域使用了相當長的時間。在19世紀中期，在一種被稱為內窺鏡的裝置中，透鏡有了新的醫學用途。內窺鏡由一根兩頭各帶有一個透鏡的長管組成，將它們從身體的某個口插入，可以觀察人的內部器官，比如胃和膀胱。

天啊，這位老婆婆吞下了一隻蜘蛛

1850年代

激光手術刀

激光手術刀的設計原理是利用一個透鏡將一束激光聚焦，切開肌肉，並在劃到微細血管時封閉其末端。這使激光手術刀比普通手術刀帶來的疼痛小，並且能平滑地切過拐角處。

我已經忘了該說什麼！

你覺得疼嗎？

1960

看那些令人矚目的發明！

它是真的在動！

它完全轉起來了！

燈光，攝影，開拍！

長久以來，透鏡都用於科學研究領域和提高視覺能力方面。到了19世紀，透鏡在攝影藝術方面擔當了新的角色。與其他發明不同，攝影藝術捕獲了維多利亞時代的想像力，發展出在我們的時代最流行、最令人興奮的娛樂形式之一——電影。

發生什麼事？

的1820年代

西洋鏡

在19世紀，使圖片看起來是移動着的玩具非常流行。此類玩具中的一種是西洋鏡，它包括一系列圖像，這些圖像被粘在一個有狹縫的、可旋轉的鼓內。當人們從狹縫裏望進去，這些圖像會慢慢融合，而產生運動的錯覺。

蜥蜴在跳！

台球在飛！

攝影的誕生

涅普斯的搭檔路易·達蓋爾（Louis Daguerre）完成了第一個有實際意義的照相過程。他利用鍍銀的銅盤獲取圖像，產生了不能複製的一次性"正"照片。但是，是英國人威廉·福克斯·塔爾波特（William Fox Talbot）發明了我們現在仍在使用的負－正法。這個過程涉及由"負"片（即黑暗區域實際是明亮處，而明亮區域是黑暗的）複製得到多張"正"片。

說 "茄子" ！

給我複製一張

1839

1888

膠卷照相機

早期的攝影只有專家才可完成。美國製造商喬治·伊斯曼（George Eastman）通過發明柯達膠卷相機改變了這一切。緊隨其後的另一種可選膠卷——賽璐珞照相膠卷——是由漢尼拔·古德溫（Hannibal Good-win）教士發明的。攝影新手們只需要拍下快照，然後將照相機寄出去讓人去沖洗膠卷。一時之間每個人都想要一台照相機。

我想要一台照相機！

這是我們賣得最好的！

前185

它是一個古代的奇跡!

火!

一個馬路中央的發明

1934

五、六、七隻貓!

古老的燈塔

很久以前，人們點燃篝火為大海中的船隻引航。後來有人想到將篝火放到高高的塔上，讓人們在很遠的地方就能看到。史上最大的燈塔是埃及亞歷山大燈塔，它高達134米（440英尺），聳入雲端，是古代世界七大奇跡之一。

貓眼

英國的公路承包人珀西·蕭（Percy Shaw）在一個漆黑的夜晚開車回家時，因為在他的車前燈裏看到了一隻貓的眼睛，而避免了衝出道路的危險。這次事件啟發他發明了"貓眼"，一種裝有折射透鏡的裝置，可以將它裝在道路的中間為夜晚行車的司機引路。

你能看見海上有什麼嗎？

1286

它們夾痛了我的鼻子！

出洋相！

1822

菲涅耳透鏡

在法國人奧古斯丁·菲涅耳（Augustin Fresnel）發明新型透鏡之前，透鏡早已被用於燈塔中來匯聚光線。菲涅耳透鏡由一系列玻璃環組成，可以製作得比普通透鏡更大一些，也因此將光線照射到更遠的海面上。

雙筒望遠鏡

簡單地講，雙筒望遠鏡就是兩個望遠鏡並排地安裝在一起。內部的棱鏡使光線來來回回地彎曲，造成的效果就像將一個長的望遠鏡擠進了一根短管中。

我什麼也看不見

約1880

眼鏡

威尼斯的玻璃製造者們或許是第一批製作眼鏡來提高視力的人。作為"給眼睛的小圓盤"，早期的眼鏡裝有凸透鏡以方便閱讀和近距離工作；另外還在眼鏡的中部裝有鉸鏈，可以夾在鼻子上。

約840

真不錯！

你慢點！

我不喜歡照相！

暗箱

是中國人最早將周圍的風景圖像通過一個小孔投射到一個黑暗屋子的牆上的。到了17世紀60年代，小孔被透鏡所取代，暗箱（camera obscura）縮小到可以攜帶，使它開始在藝術家中流行起來。

1826

好黑啊！

第一張照片

將一個暗箱變成照相機所需的全部條件是一種獲取或固定圖像的方法。法國科學家尼塞夫爾·涅普斯（Nicéphore Niepce）是第一個通過使用光敏劑做到這一點的人。問題是，他每弄出一張照片都需要8個小時。

眼見為實

超越信念

1609年，意大利天文學家伽利略·伽利雷（Galileo Galilei）成為第一個通過望遠鏡觀察太空的人。但他很快陷入麻煩，因為他公開了他的發現，即地球是圍繞太陽旋轉的。而這與教會"地球是整個宇宙的中心"的信念相抵觸。他被關進了監獄，直到收回自己的話才逃離被處死的危險！

透鏡可能是1,000多年前由中國人發明的。1270年左右，透鏡在歐洲出現，最早被用於製造提高視力的眼鏡和放大鏡。到了17世紀，它們被組裝進功能強大的新設備中，這些設備用於觀察肉眼看不到的距離非常遠或體積很小的物體。望遠鏡和顯微鏡的出現宣告了科學研究新時代的到來，它們改變了我們觀察自己的世界和外太空的方式。

透鏡

透鏡是一些有弧度的玻璃片，其作用是使通過它們的光線彎曲或折射。透鏡有兩種類型：凸透鏡和凹透鏡；根據它們使光線彎曲的方向不同，有着不同的作用（見對版）。凸透鏡可以將小的物體放大；而凹透鏡會讓遠處的物體看起來近一些（但小一些）。

複式顯微鏡

複式顯微鏡——即有兩個或多個透鏡的顯微鏡——大概是由荷蘭眼鏡製造商漢斯·詹森（Hans Janssen）在1600年左右發明的。

1933

電子顯微鏡

功能強大的光學顯微鏡最大只能放大到2,000倍。當放大倍數增加時，圖像的清晰度就會下降。所以，在1933年，德國物理學家厄恩斯特·魯斯卡（Ernst Ruska）發明了一種新型顯微鏡，用電子束代替了光，從而獲得了更好的分辨率。現代的電子顯微鏡能將分子放大超過100萬倍。

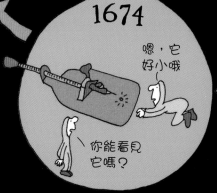

1674

列文虎克的顯微鏡

荷蘭布商安東尼·范·列文虎克（Antoni Van Leeuwenhoek）製造了至少247個單透鏡顯微鏡。它們的功能非常強大，借助它們，列文虎克在1674年成為第一個看到細菌的人。這些細菌是從他自己的口腔裏取出來的。

微探索

科學家羅伯特‧胡克（Robert Hooke）成功
造了最早的一台顯微鏡。這台複式顯微
括一個次級透鏡或目鏡，以增加圖
放大倍數。胡克用它來研究微小的
物，並於1665年在一本著名的書
微製圖》（Micrographia）裏發
他的發現。這本書的一大特色
一張長達60釐米（2英尺）的
圖！

真好吃！

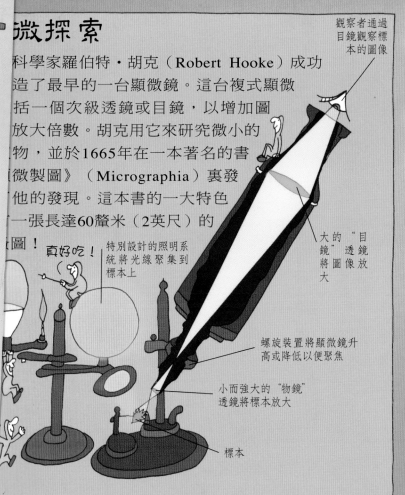

特別設計的照明系統將光線聚集到標本上

觀察者通過目鏡觀察標本的圖像

大的"目鏡"透鏡將圖像放大

螺旋裝置將顯微鏡升高或降低以便聚焦

小而強大的"物鏡"透鏡將標本放大

標本

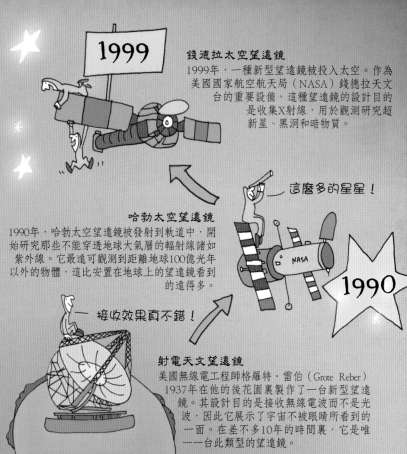

1999

錢德拉太空望遠鏡
1999年，一種新型望遠鏡被投入太空。作為
美國國家航空航天局（NASA）錢德拉天文
台的重要設備，這種望遠鏡的設計目的
是收集X射線，用於觀測研究超
新星、黑洞和暗物質。

這麼多的星星！

哈勃太空望遠鏡
1990年，哈勃太空望遠鏡被發射到軌道中，開
始研究那些不能穿透地球大氣層的輻射線諸如
紫外線。它最遠可觀測到距離地球100億光年
以外的物體，這比安置在地球上的望遠鏡看到
的遠得多。

1990

接收效果真不錯！

射電天文望遠鏡
美國無線電工程師格羅特‧雷伯（Grote Reber）
1937年在他的後花園裏製作了一台新型望遠
鏡。其設計目的是接收無線電波而不是光
波，因此它展示了宇宙不被眼睛所看到的
一面。在差不多10年的時間裏，它是唯
一一台此類型的望遠鏡。

1937

赫歇耳望遠鏡
1789年，英國天文學家威廉‧赫歇耳（William
Herschel）製造了在那個時代最大的一台反射望
遠鏡。它接近12米（40英尺）長，有一面1.2米
（4英尺）的鏡子，其體積巨大到必須安裝在
腳手架上，且需要沿着圓形軌道移動才可觀
察到夜空的不同位置。

我站在了世界的最高點！

這樣看真是又近又隱秘

好一個星光燦爛的夜晚！

1663

1608

1789

折射望遠鏡
1608年，荷蘭眼鏡製造商漢斯‧李普希（Hans Lip-
pershey）在發現了一雙透鏡會讓遠處的物體看起來
一些以後，製作了第一台公認的望遠鏡。他將
的發明稱為"觀察者"，並且認為它可能會在
爭中發揮作用。伽利略在第二年製作了他自己
望遠鏡（見上圖）。

反射望遠鏡
早期的折射望遠鏡或使用透鏡的望遠鏡會產生帶有彩色邊緣
的圖像。1663年，蘇格蘭數學家詹姆斯‧格雷戈里（James
Gregory）通過將物鏡換成一個凹透鏡而解決了這個問題。正
是他發明了反射望遠鏡！5年以後，著名的英國科學家艾撒
克‧牛頓（Isaac Newton）設計了他自己的望遠鏡（見左圖）來
觀察星體。

透鏡的工作原理

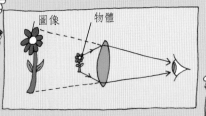

圖像　物體

凸透鏡
一個凸起的、向外彎曲的透鏡
將光線向內聚攏，使得一個物
體看起來比實際更大，也比實
際的遠。

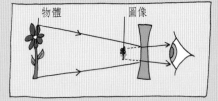

物體　圖像

凹透鏡
一個凹陷的、向內彎曲的透鏡
使光線向外擴散，讓一個遠處
的物體看起來比實際的小，也
比實際的近。

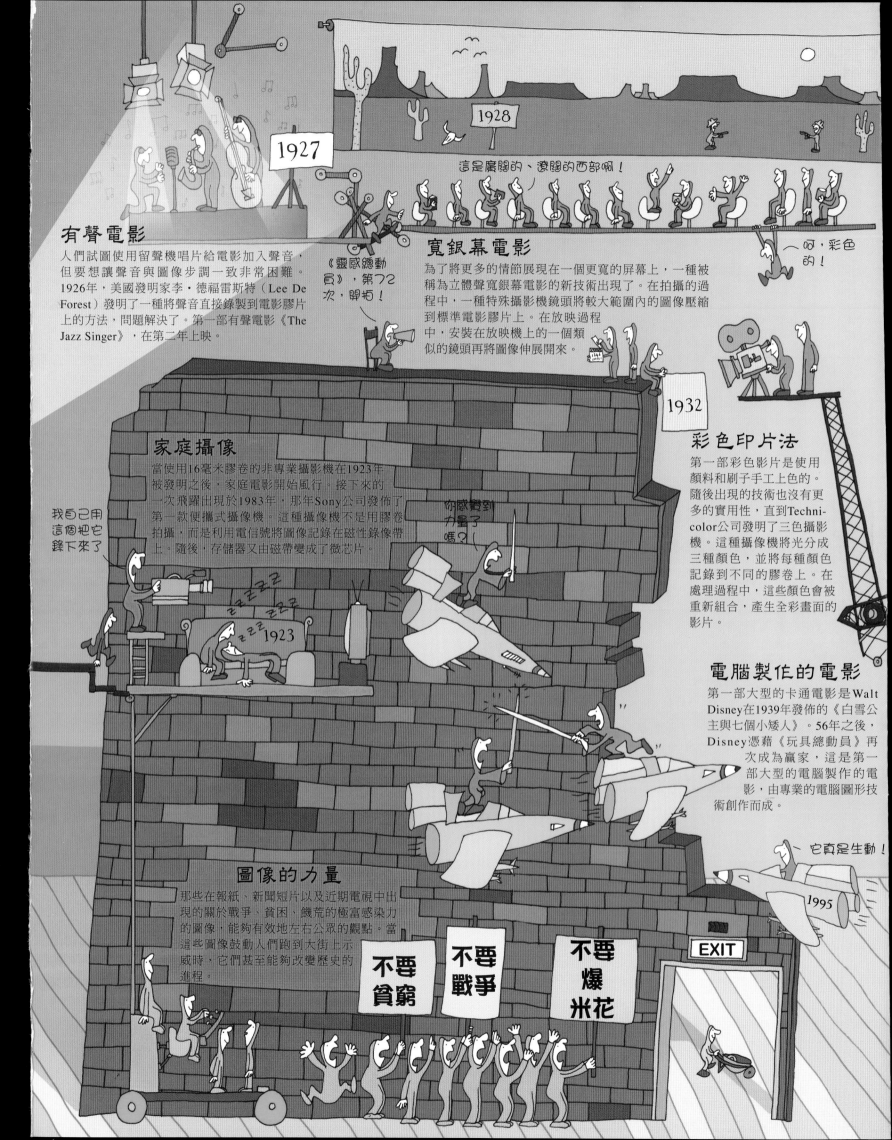

1927

1928

這是廣闊的、遼闊的西部啊！

～呵，彩色的！

有聲電影

人們試圖使用留聲機唱片給電影加入聲音，但要想讓聲音與圖像步調一致非常困難。1926年，美國發明家李·德福雷斯特（Lee De Forest）發明了一種將聲音直接錄製到電影膠片上的方法，問題解決了。第一部有聲電影《The Jazz Singer》，在第二年上映。

《靈感總動員》，第72次，開拍！

寬銀幕電影

為了將更多的情節展現在一個更寬的屏幕上，一種被稱為立體聲寬銀幕電影的新技術出現了。在拍攝的過程中，一種特殊攝影機鏡頭將較大範圍內的圖像壓縮到標準電影膠片上。在放映過程中，安裝在放映機上的一個類似的鏡頭再將圖像伸展開來。

1932

彩色印片法

第一部彩色影片是使用顏料和刷子手工上色的。隨後出現的技術也沒有更多的實用性，直到Technicolor公司發明了三色攝影機。這種攝像機將光分成三種顏色，並將每種顏色記錄到不同的膠卷上。在處理過程中，這些顏色會被重新組合，產生全彩畫面的影片。

家庭攝像

當使用16毫米膠卷的非專業攝影機在1923年被發明之後，家庭電影開始風行。接下來的一次飛躍出現於1983年，那年Sony公司發佈了第一款便攜式攝像機。這種攝像機不是用膠卷拍攝，而是利用電信號將圖像記錄在磁性錄像帶上。隨後，存儲器又由磁帶變成了微芯片。

我自己用這個把它錄下來了

你感覺到力量了嗎？

1923

電腦製作的電影

第一部大型的卡通電影是Walt Disney在1939年發佈的《白雪公主與七個小矮人》。56年之後，Disney憑藉《玩具總動員》再次成為贏家，這是第一部大型的電腦製作的電影，由專業的電腦圖形技術創作而成。

～它真是生動！

1995

圖像的力量

那些在報紙、新聞短片以及近期電視中出現的關於戰爭、貧困、饑荒的極富感染力的圖像，能夠有效地左右公眾的觀點。當這些圖像鼓動人們跑到大街上示威時，它們甚至能夠改變歷史的進程。

不要貧窮

不要戰爭

不要爆米花

EXIT

1877

它是一匹飛馬！

我敢打賭它不是！

邁布里奇的"電影"

為了證明一匹飛馳的馬的四條腿是否會同時離開地面，並因此設下一個賭局，愛德華·邁布里奇（Eadweard Muybridge）用24個排成一排的相機照了一連串的照片。通過將這些照片投射到屏幕上，他成為了有史以來第一個用照片再造運動的人。

愛迪生的活動電影放映機

沒有像邁布里奇那樣使用分開的照相機，美國發明家托馬斯·愛迪生（Thomas Edison）和威廉·迪克遜（William Dickson）發明了一種使用賽璐珞膠卷的照相機，它可以照出連續的快照。他們還發明了一種被稱為活動電影放映機的重放機，它讓人們可以通過窺視孔看到一場20秒的"電影"。

我們又來晚了！

1888

在放什麼？

17世紀

幻燈

幻燈由一個一端帶有透鏡，另一端帶有光源的盒子組成。人們設計幻燈是為了將圖像投射到屏幕上。作為一種盛行於18和19世紀的娛樂方式，幻燈是現代電影放映機的先驅。

電影院

受到愛迪生的活動電影放映機的啟發，法國兄弟路易斯·盧米埃（Louis Lumière）和奧古斯都·盧米埃（Auguste Lumière）製造了一個將電影攝影機和放映機合併的機器。通過將圖像投射到一個屏幕上，他們的"電影拍攝術"讓許多人能夠同時看到電影。不久，電影院就風靡了全世界。

真神奇啊！

我們去看電影吧！

1895

哪裏有爆米花？

我是一個超級電影迷

1860

哎呀

看好你的球

偉大的膠卷

賽璐珞

為了給撞球找到一種象牙質的替代品，紐約的印刷工約翰·衛斯理·海厄特（John Wesley Hyatt）發明了一種被稱為賽璐珞的新材料。結果表明，它並不是很適合做撞球——因為它總是不停地膨脹——但是事實證明它適合製作各種各樣的其他物體，包括照相機和攝影機的膠卷。

如果你厭倦了照相機，那麼你也就厭倦了人生

1990年代

很棒的照片

請笑一笑！

給我照一張！

這是我的新數碼相機

舉起手來！

數碼相機

數碼相機並不需要膠卷——而是使用微芯片來獲取和存儲圖像。數碼相機的成像技術最早是在1970年代為滿足美國國家航空航天局的需要發展出來的，但是到了1990年代中期，它們開始向普通大眾銷售。

1924

35毫米的照相機

德國機械師奧斯卡·巴納克（Oskar Barnack）發明了一種新的照相機，為其後75年的攝影藝術設置了標準。他的小型萊卡照相機使用了35毫米的膠卷，就像攝影機使用的膠卷一樣。

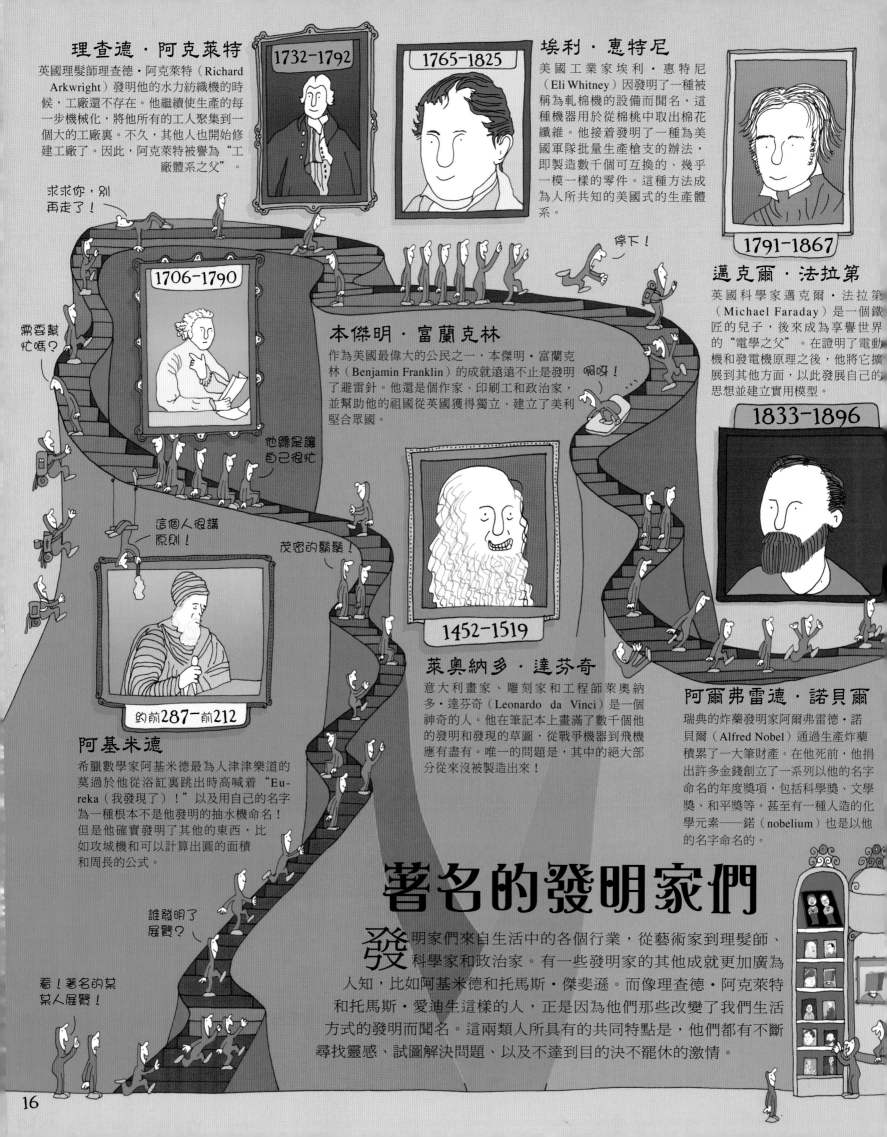

理查德·阿克萊特

英國理髮師理查德·阿克萊特（Richard Arkwright）發明他的水力紡織機的時候，工廠還不存在。他繼續使生產的每一步機械化，將他所有的工人聚集到一個大的工廠裏。不久，其他人也開始修建工廠了。因此，阿克萊特被譽為"工廠體系之父"。

1732-1792

1765-1825

埃利·惠特尼

美國工業家埃利·惠特尼（Eli Whitney）因發明了一種被稱為軋棉機的設備而聞名，這種機器用於從棉桃中取出棉花纖維。他接着發明了一種為美國軍隊批量生產槍支的辦法，即製造數千個可互換的、幾乎一模一樣的零件。這種方法成為人所共知的美國式的生產體系。

1791-1867

求求你，別再走了！

1706-1790

停下！

需要幫忙嗎？

本傑明·富蘭克林

作為美國最偉大的公民之一，本傑明·富蘭克林（Benjamin Franklin）的成就遠遠不止是發明了避雷針。他還是個作家、印刷工和政治家，並幫助他的祖國從英國獲得獨立、建立了美利堅合眾國。

啊呀！

他總是讓自己很忙

邁克爾·法拉第

英國科學家邁克爾·法拉第（Michael Faraday）是一個鐵匠的兒子，後來成為享譽世界的"電學之父"。在證明了電動機和發電機原理之後，他將它擴展到其他方面，以此發展自己的思想並建立實用模型。

1833-1896

這個人很講原則！

茂密的鬍鬚！

1452-1519

約前287—前212

阿基米德

希臘數學家阿基米德最為人津津樂道的莫過於他從浴缸裏跳出時高喊着"Eureka（我發現了）！"以及用自己的名字為一種根本不是他發明的抽水機命名！但是他確實發明了其他的東西，比如攻城機和可以計算出圓的面積和周長的公式。

萊奧納多·達芬奇

意大利畫家、雕刻家和工程師萊奧納多·達芬奇（Leonardo da Vinci）是一個神奇的人。他在筆記本上畫滿了數千個他的發明和發現的草圖，從戰爭機器到飛機應有盡有。唯一的問題是，其中的絕大部分從來沒被製造出來！

阿爾弗雷德·諾貝爾

瑞典的炸藥發明家阿爾弗雷德·諾貝爾（Alfred Nobel）通過生產炸藥積累了一大筆財富。在他死前，他捐出許多金錢創立了一系列以他的名字命名的年度獎項，包括科學獎、文學獎、和平獎等。甚至有一種人造的化學元素——鍩（nobelium）也是以他的名字命名的。

誰發明了展覽？

看！著名的某某人展覽！

著名的發明家們

發明家們來自生活中的各個行業，從藝術家到理髮師、科學家和政治家。有一些發明家的其他成就更加廣為人知，比如阿基米德和托馬斯·傑斐遜。而像理查德·阿克萊特和托馬斯·愛迪生這樣的人，正是因為他們那些改變了我們生活方式的發明而聞名。這兩類人所具有的共同特點是，他們都有不斷尋找靈感、試圖解決問題、以及不達到目的決不罷休的激情。

馬蒂‧奈特

美國"紙袋女王"馬蒂‧奈特（Mattie Knight）由於發明了一種機器而聞名，這種機器可生產裝放雜貨的方底紙袋。她在年僅12歲的時候就製作了一種用於紡織機的安全裝置，那是她的第一項發明。

約瑟芬‧科科倫

在厭倦了女傭老是打碎她最好的瓷器之後，富有的社會名流約瑟芬‧科科倫（Josephine Cochran）宣佈："如果沒有其他人打算發明洗碗機的話，我就自己來發明！"結果她真的做到了，甚至還建立她自己的公司來生產洗碗機。

托馬斯‧愛迪生

雖然托馬斯‧愛迪生被他的老師稱為"蠢蛋"，他長大後卻成為世界上最多產的發明家，有1,097項專利冠有他的名字。他每天在他的"發明工廠"工作長達20個小時，在多達3,600名員工的團隊支持下，他的發明無所不包：從攝影機、放映機到電子筆和燈泡。

1841-1913

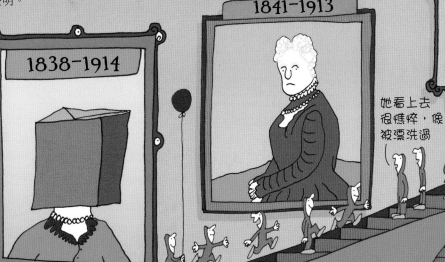

1838-1914

她看上去很憔悴，像被漂洗過

1847-1931

1847-1922

三可真受歡迎

古列爾莫‧馬可尼

1874-1937

意大利發明家古列爾莫‧馬可尼（Guglielmo Marconi）在倫敦第一次向公眾展示了他的無線電報技術，儘管在此之前他最初的設備已經被那些持懷疑態度的海關官員破壞了。不久，無線電報技術在世界範圍內傳播開來。

亞歷山大‧格雷厄姆‧貝爾

跟父親一樣，亞歷山大‧格雷厄姆‧貝爾（Alexander Graham Bell）教聾人如何講話。他也是一位狂熱的發明家。在發明一種用音符發送信息的諧波電報機時，他產生了直接傳送語音的絕妙想法。於是他發明了電話機。

弗蘭克‧惠特爾

當英國皇家空軍飛行員弗蘭克‧惠特爾（Frank Whittle）在1930年為他設計的噴氣發動機申請專利時，並沒有引起英國航空部的關注。1939年，他們最終決定支持他。但那時，想以他的發明影響第二次世界大戰的局面已為時過晚。

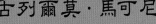

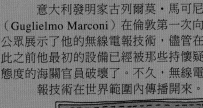

1907-1996

我們有錢了！

我需要一份新工作！

史蒂夫‧沃茲尼克和史蒂夫‧喬布斯

為避免使他們的個人電腦顯得高深複雜，史蒂夫‧沃茲尼克（Steve Wozniak）和史蒂夫‧喬布斯（Steve Jobs）給他們的新公司取了一個他們能想到的最簡單的名字——Apple！在十年的時間裏，每年僅在美國就要賣出1,000萬台Apple電腦。

生於1923

明信片！

斯蒂芬妮‧克沃雷克

美國科學家斯蒂芬妮‧克沃雷克（Stephanie Kwolek）最出名的成果是發明了一種被稱為Kevlar的合成纖維，其硬度比鋼高出5倍。在1966年獲得了專利之後，Kevlar被用於生產各種各樣的物品，包括防彈背心、安全頭盔和蹦床。

分別生於1950和1955

簡直太棒了！

有這麼多聰明人

我受到了鼓舞！

工業革命

水力和蒸汽動力出現以後，紡紗工和織布工們再沒有必要像以前那樣在各自家裏勞動了。取而代之的方式是，他們聚集到位於新建城鎮中的喧鬧、骯髒的工廠裏，進行勞動時間更長、報酬卻很少的工作。蒸汽為工業革命提供了動力，人類的生活從此改變。

19世紀

我好貴啊。

什麼時候吃午飯啊？

我很生氣！

我也是！

大街上的騷亂

工人們經常感到崩潰，因為新機器奪走了他們的自由，迫使他們必須到工廠工作。有時，他們會走到大街上製造騷亂，讓人們知道他們非常憤怒。

一場騷亂

1764

這是革命性的！

自動紡織機

1764年，英國紡織工人詹姆斯·哈格里夫斯（James Hargreaves）發明了第一台能一次紡幾根線的紡織機。5年以後，理查德·阿克萊特設計了一台由水輪驅動的、紡織速度更快的紡織機。接着他修建了一家早期工廠，將工人們和他的那些機器納入同一個屋簷下。結果，水輪被蒸汽機所取代。

1782

動力革命

詹姆斯·瓦特的夢想是讓蒸汽成為世界上最大的動力能源。經過了150年，他的夢想成為現實。蒸汽幫助人們變革了生活方式，不僅僅是為工業和火車提供動力，還驅動了輪船、汽車、蒸汽錘和起重機。後來，蒸汽輪機還將電送入了每個人的家裏。

擺動的連桿

汽缸內的活塞上下運動

紐科門泵

因為塞維利的蒸汽泵性能並不完美，英國人托馬斯·紐科門（Thomas Newcomen）設計了一種更好的泵，利用汽缸內的一個活塞產生上下運動。這使得連桿擺動，泵將水抽出來。

抽水泵將水抽出

汽缸

蒸汽進入汽缸並壓縮

鍋爐

1712

鐵的冶煉

早在公元前4000年，人類就開始使用鐵器。他們將鐵錘打成各種形狀來製造工具和武器。但公元前1500年，赫梯人（居住區域在今天的土耳其）發現了一種冶煉鐵礦的方法：將鐵礦加熱，從中提煉出鐵並使它更容易打造。這標誌着一個新時代——鐵器時代的到來。

用焦炭冶煉

英國人亞伯拉罕·達比（Abraham Darby）發明了一種使用焦炭（用煤製成）代替木材快速煉鐵的方法。這種技術為製造蒸汽機和其他機械提供了充足的鐵。

水輪

在蒸汽機發明之前，水力是主要的動力源之一。最早利用水力的是羅馬人，他們發明了水輪，用於將穀物磨成麵粉，將橄欖榨成油。水輪後來被用於驅動第一台動力織布機。

紡車

在數千年的歲月中，製衣使用的紗線都由人們手持紡錘紡成。後來，大約1,000年以前，印度的紡織工人發明了一種更好的方法：用一個輪子來轉動紡錘。到了14世紀早期，紡車已經傳到了歐洲。

手搖紡織機

大約9,000多年前，人類發明了第一台製衣用的手搖紡織機。它由一個裝滿平行排列的"經紗"的框架組成。一條被稱為"緯紗"的交叉紗線，通過帶有一卷紗線的木梭，被織入這些經紗中。

機械化紡織

在英國人約翰·凱（John Kay）發明了一種能更快織出更寬的布的自動裝置——飛梭之後，紡織業發生了革命。1787年，埃德蒙·卡特賴特（Edmond Cartwright）神父發明了第一台蒸汽紡織機，大大地提高了紡織的速度。

希羅的機器

希臘科學家亞歷山大利亞的希羅（Hero of Alexandria）成為第一個製造以蒸汽為動力的機器的人。但問題是沒有人知道這台機器能幹什麼！

塞維利蒸汽泵

英國工程師托馬斯·塞維利（Thomas Savery）設計了世界上第一台從被淹沒的礦井中抽水的蒸汽機。將蒸汽機的一半放入豎井中，通過交替壓縮汽缸（A和B）中的蒸汽，產生相對真空，從而將洪水吸取上來。加大蒸汽動力，水就能夠被抽離豎井。

阿基米德螺旋泵

希臘工程師阿基米德用他自己的名字為一種螺旋裝置命名。這種裝置用在灌溉系統中，能將水從低處抽到高處。阿基米德螺旋泵是早期蒸汽泵的雛形。

蒸汽機

詹姆斯・瓦特

直到18世紀，動力的主要來源仍然是水、風和馬匹。蒸汽機的出現改變了一切，過去的生活不復存在。第一台蒸汽機僅用於從礦井中抽水；但在1782年，一位蘇格蘭的工程師詹姆斯・瓦特（James Watt）製造了一種新機器，並很快將它用於驅動機械。隨後，理查德・特萊威狄（Richard Trevithick）產生了一個偉大的想法：使用蒸汽產生的動力在鐵路上牽引機車。其後的事，借用一句老套話，是路人皆知了。

瓦特那傢伙

蒸汽機之父

當人們要求蘇格蘭工程師詹姆斯・瓦特修理一台老式蒸汽機時，他意識到他可以做得更多些。到1769年，他已經設計出了一種效率更高的蒸汽機。在同伴馬修・博爾頓（Matthew Boulton）的協助下，瓦特將新型蒸汽機生產出來，並在全世界銷售。

轉動的蒸汽機

與其他早期的蒸汽機一樣，最初的瓦特蒸汽機中的活塞也只能做上下運動，抽水沒有問題。後來，到了1782年，瓦特設計了一種新機器，借助一種特別的齒輪裝置——太陽和行星齒輪，使活塞的上下運動轉變成了繞圓周進行的旋轉運動。這意味着他的機器能夠代替水輪推動紡織機和其他機械。

3.運動的活塞使連動桿上下擺動

4.自動調速裝置調節機器的速度

5.連動桿推動太陽和行星齒輪旋轉，將上下運動轉變為旋轉運動

6.飛輪用於保持機器的平穩運轉

2.蒸汽進入汽缸，推動汽缸內的活塞上下運動

1.鍋爐將水變成蒸汽

斯蒂芬森的"火箭號"

1829

1829年，為了找出最好的機車，人們舉辦了一場比賽。斯蒂芬森的"火箭號"（Rocket）脫穎而出，並很快運行在從曼徹斯特到利物浦的線路上，成為第一輛定時的客運列車。

軌道上的死亡

1830

斯蒂芬森的"火箭號"是那個時代跑得最快的火車，最高時速達到56公里（35英里）。當時許多人擔心以這樣的高速旅行會讓他們窒息或發瘋。但真正讓可憐的威廉・哈斯基遜（William Huskisson）喪命的不是窒息——他在"火箭號"正式運行的第一天被火車軋死。

啊呀，我死了！

穿越大陸

1869

第一項橫跨美國穿越整個大陸的鐵路工程修建於1860年代。兩條鐵路線分別從美國東部和西部出發，跨越超過3,000公里（1,860英里）的荒野，最後於1869年5月在猶他州的普魯蒙托里角接軌。從此國內的聯繫變得緊密，過去要花費6個月的旅程現在只需要7天！

蒸汽機車

1803

1803年，英國工程師理查德・特萊威狄（Richard Trevithick）製作了世界上第一台蒸汽機車，由燒煤產生動力。1808年，他將這種技術帶到了倫敦，並為他的新機器修建了圓形軌道——被稱作"誰能抓住我"。那些好奇的人支付一先令可乘坐機車繞行一圈。

都上來吧！

1825

它去哪了？

小心空隙！

1863

公眾鐵路

第一條公眾鐵路只有20公里（13英里）長。它建成於1825年，用於在英國北部的斯托克頓和達令敦之間運輸乘客和貨物。它由羅伯特・斯蒂芬森（Robert Stephenson）的"1號機車"拉動。

在地下穿行

1863年，世界上第一項由蒸汽火車提供的地下客運服務在倫敦出現。在開放日那天，甚至連後來的英國首相威廉・格萊斯頓（William Gladstone）都前來乘坐！

蒸汽機車

在鐵路運輸的早期，喬治·斯蒂芬森（George Stephenson）的"火箭號"成為此後機車設計所參考的模型。它的核心是一個包含150隻火管的鍋爐。從燃燒室中出來的炙熱氣體通過火管讓水沸騰，產生蒸汽。蒸汽推動雙動汽缸內的活塞來回運動（見右圖），從而推動輪子轉動。

雙動汽缸的工作原理

在一個雙動汽缸內，高壓蒸汽先從一側進入汽缸，然後再從另一側進入，從而迫使活塞隨著每次充氣作來回運動。這種雙重運動提高了機器的效率。接下來，運動通過活塞桿傳遞給了輪子。活塞桿同時也推動滑閥來回運動，控制著蒸汽流進入汽缸。

充滿蒸汽的！

4.高溫氣體聚集在煙室裏，通過煙窗排出

煙窗

鍋爐內的水

3.蒸汽沿着蒸汽管進入汽缸內

嗯，好熱！

2.高溫氣體穿過火管，讓水沸騰

1.煤在燃燒室內燃燒，產生熱量

燃燒室

有人要煤嗎？

1.蒸汽通過左邊的進汽閥進入汽缸

蒸汽進入

滑閥堵住了右邊的進汽閥

閥桿

汽缸

2.活塞被蒸汽推到右邊

3.活塞桿通過傳動桿將運動傳遞給輪子

4.滑閥被活塞桿推到了左邊，堵住了左邊的進汽閥

7.多餘的蒸汽通過排氣閥排出

5.蒸汽進入汽缸推動活塞來回運動

前輪協助負重並為機車導向

6.活塞桿通過傳動桿推動輪子轉動

傳動桿推動輪子轉動

巨大的輪子推動機車前進

5.現在蒸汽通過右邊的進汽閥進入汽缸

6.活塞被蒸汽推到左邊，再次推回滑閥，並旋轉一圈推動輪子

快點，跑完這段路程！

1879

大男孩

有史以來最大的蒸汽機車是美國1941年生產的巨大的"大男孩"（Big Boy）。它用於拉載貨物穿過山脈，其重量達到600公噸（590英噸），相當於100頭大象的重量。

1941

大男孩，它可真大！

電動機車

第一輛可運行的電動機車是1879年德國工程師維納·馮·西門子（Werner von Siemens）為柏林的一個展覽製造的。由於比蒸汽火車更快、更安靜和更易駕駛，它不久就開始取代老對手了。

1964

子彈火車

1964年在日本問世的新幹線，即"子彈火車"，是第一輛新型高速電動火車，其時速最高可達210公里（130英里）。

更快，更快！

2003

為速度而製造

1938年，英國"水鴨號"（Mallard）機車的最高時速達到了205公里（127英里），成為歷史上最快的蒸汽機車——這是一個迄今未被打破的紀錄。

柴油機車

柴油機車最初出現於1912年的德國。到了1930年代，像美國"西風號"（Zephyr）一類的柴油機車已經非常成功了。它們與電動機車一起造成了蒸汽機車的衰落。

1912

1938

火車不可能跑得那麼快！

磁懸浮列車

世界上第一條磁懸浮鐵路於2003年在中國上海正式投入運行。在一個磁懸浮系統中，列車精確地漂浮在一條單軌上，由軌道上的磁場推動前進。磁懸浮列車的最高時速可達430公里（每小時270英里），它可能代表了鐵路運輸的未來。

那是一輛火車嗎？

1888

為人類提供能量

不久之後，帕森斯的蒸汽輪機已經被安裝在大型的電廠中為人們提供生活所需用電。除了產生光和熱，電力還很快地被用於驅動很多節省勞動力的新型設備，從開水壺、烤箱到真空吸塵器和洗衣機。

給我們能量

給我能量

給我的烤箱能量

1853

多麼奇異的景色！

成功了

飛船

在萊特兄弟讓第一架飛機飛上藍天之前，法國發明家亨利·吉法爾（Henri Giffard）製造了一艘蒸汽驅動的飛船，他駕駛飛船飛過了巴黎，航程30公里（20英里）。

安全電梯

大眾對事故的擔憂讓早期的蒸汽驅動電梯無法推廣。後來美國機械工伊萊沙·奧蒂斯（Elisha Otis）發明了一種安全裝置。在演示時，他站在電梯內，而另一個人拿斧頭砍斷了電梯的纜索。自鎖保護系統發生了作用，奧蒂斯毫髮無損。不出4年，紐約的一個商場裏安裝了第一台安全載客電梯。

我爬得真高！

1885

摩天大樓

直到19世紀後期，建築物很少會高於六層——人們徒步爬行可達到的合理高度。但是因為安全電梯的發明和建築技術的發展，建築物變得越來越高，導致了摩天大樓的出現。第一幢摩天大樓是美國芝加哥10層高的家庭保險大樓，由建築師威廉·勒巴隆·詹尼（William Le Baron Jenney）修建。

生活在一個偉大的時代

汽輪機輪船

在發明了蒸汽輪機之後，帕森斯又製造了第一艘以汽輪機驅動的輪船——"透平尼亞號"（Turbinia）。不久以後，蒸汽輪機開始被用於為令人生畏的重型武裝戰艦和20世紀早期常見的豪華客輪提供動力。

1894

豪華客輪時代

蒸汽車

到1900年，由蒸汽驅動的汽車已經在路上行駛了100多年。但是，隨着汽油內燃機的出現，人們開始關注蒸汽車和汽油車到底誰能贏得"天下"。1906年，當美國斯坦利蒸汽動力汽車達到時速200公里（127英里）時，似乎蒸汽動力取得了領先。

1906

我想雲那當中的一個！

全速前進！

蒸汽輪機

在超過100年的時間裏，蒸汽機都以瓦特的設計為基礎。後來愛爾蘭工程師查爾斯·帕森斯（Charles Parsons）發明了一種噪音更小的蒸汽輪機，它能使一系列裝在旋轉軸上的扇形葉片轉動。這項工作貢獻巨大，帕森斯因此被譽為"創造20世紀的人"。

1860年代

萬歲！河水變清了

這個發真了

它在旋轉！

蒸汽渦輪發動機

1884

有人創造了20世紀

多棒的主意！

死亡與疾病

的工廠區造價低廉、異常擁擠，常常是一六口或更多口擠在一間屋子裏居住。混濁的氣中瀰漫着工廠廢氣，沒有正規的廁所，也有乾淨的飲用水，街道和河水中充滿了穢。霍亂之類的疾病四處蔓延，許多人在年輕時候就死了。

清潔行動

1860年代，工程師約瑟夫·巴扎蓋特（Joseph Bazalgette）在倫敦修建了第一個現代化的排污系統，利用巨大的蒸汽機將生活廢物抽到了遠離城市的河流中。後來人們有了乾淨的飲用水，霍亂因此一去不復返。

1852

不要忘乎所以了！

1839

汽缸內的蒸汽壓力將鐵錘舉起

舉起鐵塊的起重機

蒸汽從汽缸中放出，鐵錘落下

鐵塊被落下的鐵錘錘打成形

蒸汽錘

英國人詹姆士·內史密斯（James Nasmyth）巧妙地利用蒸汽，成功製造了第一個蒸汽錘。其主要用途是鑄造大量用於工業和海運的鐵質零件，比如在布魯內爾製造"大不列顛號"（Great Britain）時大顯身手。

汽船

法國侯爵儒弗萊·達班（Jouffroy l'Abbans）1783年製造了第一艘真正的航行汽船。但直到36年後的1819年才有一艘汽船成功橫穿大西洋。這艘美國的明輪汽船"沙瓦納號"（Sa-vannah）共花費了27天。

我能看見大海了！

爆炸了！

1783

1843

1859

螺旋槳推進

明輪汽船的效率並不高，所以英國工程師伊桑巴德·金德姆·布魯內爾（Isambard kingdom Brunel）着手改進它們的設計。第一艘進行海洋航行的汽船"大不列顛號"由此誕生了，這是一艘由鐵製成、並用螺旋槳代替明輪推進的船。

海洋中的災難

布魯內爾的第二艘船"大東方號"（Great Eastern）非常巨大，幾乎比至今為止的任何船大上六倍！但是在1859年的一次試航中，由於一根蒸汽管爆裂，導致一個煙囪發生爆炸，六個人不幸身亡。這使布魯內爾遭受重大打擊，幾天後他就去世了。

1769

啊，一堵牆

心！

居紐的蒸汽車

法國人尼古拉·居紐（Nicolas Cugnot）是第一個製造以蒸汽機驅動的汽車的人。但他的設計並不是非常成功，在他第一天開車出去時，車失去了控制並撞到了一堵牆上。

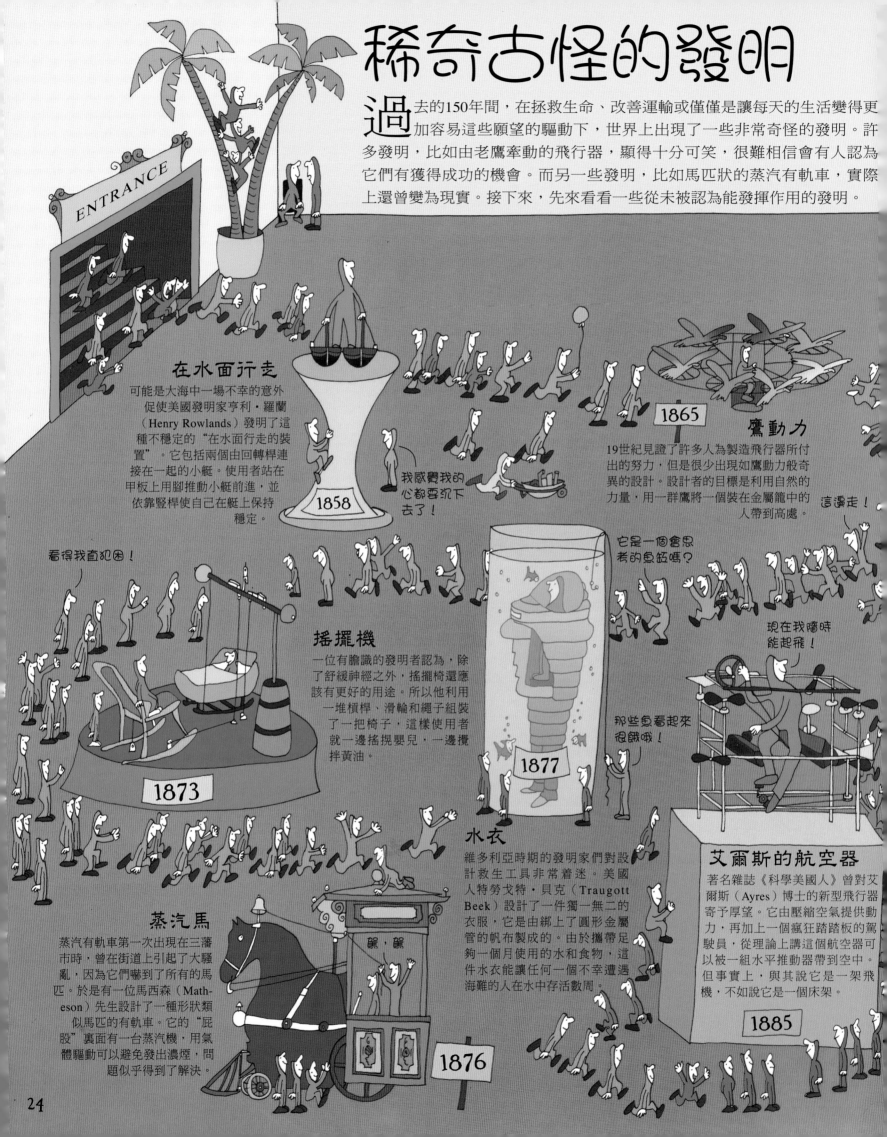

稀奇古怪的發明

過去的150年間，在拯救生命、改善運輸或僅僅是讓每天的生活變得更加容易這些願望的驅動下，世界上出現了一些非常奇怪的發明。許多發明，比如由老鷹牽動的飛行器，顯得十分可笑，很難相信會有人認為它們有獲得成功的機會。而另一些發明，比如馬匹狀的蒸汽有軌車，實際上還曾變為現實。接下來，先來看看一些從未被認為能發揮作用的發明。

ENTRANCE

在水面行走

可能是大海中一場不幸的意外促使美國發明家亨利·羅蘭（Henry Rowlands）發明了這種不穩定的"在水面行走的裝置"。它包括兩個由回轉桿連接在一起的小艇。使用者站在甲板上用腳推動小艇前進，並依靠豎桿使自己在艇上保持穩定。

1858

我感覺我的心都要沉下去了！

鷹動力

19世紀見證了許多人為製造飛行器所付出的努力，但是很少出現如鷹動力般奇異的設計。設計者的目標是利用自然的力量，用一群鷹將一個裝在金屬籠中的人帶到高處。

1865

這邊走！

搖擺機

一位有膽識的發明者認為，除了舒緩神經之外，搖擺椅還應該有更好的用途。所以他利用一堆槓桿、滑輪和繩子組裝了一把椅子，這樣使用者就一邊搖搖嬰兒，一邊攪拌黃油。

1873

看得我直犯困！

它是一個會思考的魚缸嗎？

那些魚看起來很餓哦！

1877

現在我隨時能起飛！

水衣

維多利亞時期的發明家們對設計救生工具非常着迷。美國人特勞戈特·貝克（Traugott Beek）設計了一件獨一無二的衣服，它是由綁上了圓形金屬管的帆布製成的。由於攜帶足夠一個月使用的水和食物，這件水衣能讓任何一個不幸遭遇海難的人在水中存活數周。

艾爾斯的航空器

著名雜誌《科學美國人》曾對艾爾斯（Ayres）博士的新型飛行器寄予厚望。它由壓縮空氣提供動力，再加上一個瘋狂踏踏板的駕駛員，從理論上講這個航空器可以被一組水平推動器帶到空中。但事實上，與其說它是一架飛機，不如說它是一個床架。

1885

蒸汽馬

蒸汽有軌車第一次出現在三藩市時，曾在街道上引起了大騷亂，因為它們嚇到了所有的馬匹。於是有一位馬西森（Matheson）先生設計了一種形狀類似馬匹的有軌車。它的"屁股"裏面有一台蒸汽機，用氣體驅動可以避免發出濃煙，問題似乎得到了解決。

駕，駕

1876

我看見了蛋糕！

CAFÉ

1880年代

我想要一頂！

手提箱救生衣

有什麼比擁有一個可兼用作救生衣的手提箱更能保證海上安全呢？一個名叫克拉克爾（Krankel）的德國人通過發明一種帶有兩個可移動板子的箱子做到了這一點。使用者只需要將它們取出，用一個橡皮套將孔封住，然後再將箱子綁到身體上就可以了。

我向他脫帽致敬！

自動升起的帽子

當一個維多利亞時期的紳士遇見一位女士，而他的雙手都沒有空閒時，他該怎麼辦呢？看看詹姆斯‧波義耳（James Boyle）的自動升高帽就知道答案了。只需要點點頭，戴着帽子的人就能開啟一個發條裝置，自動地將他的帽子抬起來！

1896

單輥輪

即使在單車誕生以後，仍然有一些人認為未來會流行單輪單車，或者說單輥輪。像左圖中的這類設計根本不可能把握方向，並且由於輪的兩邊都裝了輻條，表面上看來人根本無法進入輪中！

1884

好了，他進去了

他該怎麼出來？

單車淋浴

一個有想法的單車手產生了將晨練與淋浴結合起來的好主意。他的"室內賽車場"使用踩腳踏板的力量將水抽入一個淋浴噴頭中。你踩得越起勁，這個淋浴噴頭的水量越大。

嘔嘔嘔……

1971

它在轉耶！

1896

賣傘啦！

瘋了！

古怪！

不，只是為了怪異。

1990年代

拍拍寶貝

美國發明家托馬斯‧澤倫卡（Thomas Zelenka）可能是厭倦了在哄寶寶入睡時要輕拍他們，所以他發明了一種電動機械手臂來幫他做這件事情。這支手臂被夾在小床邊，拍着寶寶的屁股，將他送入夢鄉。

旋轉的球

這艘古怪的海上航行器是由亞歷山德羅‧丹蒂尼（Alessandro Dandini）設計的。它是一個巨大的、兩側各配備了一艘小艇的機動球體。從理論上講，如果出現了任何狀況，通過點燃爆炸螺栓就可以將小艇放出去。問題是，一旦放開了一艘小艇，整個裝置就會失去平衡而發生傾覆。

1976

無厘頭發明

日本喜劇演員川上健二在開始發明Chindogo（意即"怪異工具"）時創造了一種時尚。本着"製造的問題要多於解決的問題"的設計宗旨，此類發明包括了一個太陽能火炬、一道手提式斑馬線和一個機動化麵條叉。

穿過它安全嗎？

電壺

1891

從1891年算起，第一批電壺就在其壺體底部放置有一個外部發熱器。這使得它們不太安全而且效率低。1921年出現的斯旺壺（參見左圖）是第一個將發熱器完全插入水中的電壺。與它的"前輩"相比，這是一個很大的改進。

等會兒把水壺放在上面。

我在上面呢！

在做什麼好吃的呢？

電熱絲

約1900

電暖爐

早期的電爐使用看起來像臘腸的燈泡作為發熱器。這些被稱為魔法球的發熱器被安放在一個發亮的金屬反射器前，反射器將發出的熱量會聚起來，並模擬出真正的壁爐發出的火光。

呼～呼～

電烤爐

1889

世界上第一台電烤爐在1889年被安裝在了瑞士的一家旅館裏。兩年以後，由松木製成、包裹着石棉氈的家庭版電烤爐在美國上市。早期的發熱元件由放在電線上的鐵盤組成。1920年代，這些元件被現代化的、可彎曲成任意形狀的元件所替代。

電動縫紉機

1885

在觀看他的妻子為補貼一大家子的生活而進行縫紉工作時，埃利阿斯‧豪（Elias Howe）得到了靈感，於1846年成功地發明了第一台縫紉機。但是，是美國發明家艾撒克‧辛格（Isaac Singer）將它們規模化的。1851年，他生產了第一台縫紉機，並在1885年改進成電動縫紉機。到了1890年，世界上80%的縫紉機都是辛格生產的。

Fa la la

1846

我被縫了一針！

電動機用品這邊走

電動機

1821

邁克爾‧法拉第設計了一台將電能轉化為旋轉運動的實驗型電動機。很快，世界各國的人們發明了許多具有工業用途的實用型電動機。但是直到1880年代，第一台小型電動機出現以後，電動機才開始大量進入家庭，用於驅動洗衣機和電鑽等設備。

4.由小齒輪帶動的冕形齒輪讓水平軸旋轉

3.垂直轉軸帶動小齒輪

5.水平軸向外延伸，為裝置提供旋轉動力

外部固定的電磁鐵

2.內部和外部的電磁鐵輪流地相互排斥和吸引，讓垂直轉軸旋轉起來

偉大的電動機

垂直轉軸

1.換向器在需要的時候會使進入的電流反向以保持旋轉

早期的"現代"電動機（1837年）

1891

我再也不用走路了！

扶手帶驅動裝置

電動機

傳動齒輪將電動機產生的旋轉運動傳遞給電動扶梯

雙輪軌道系統

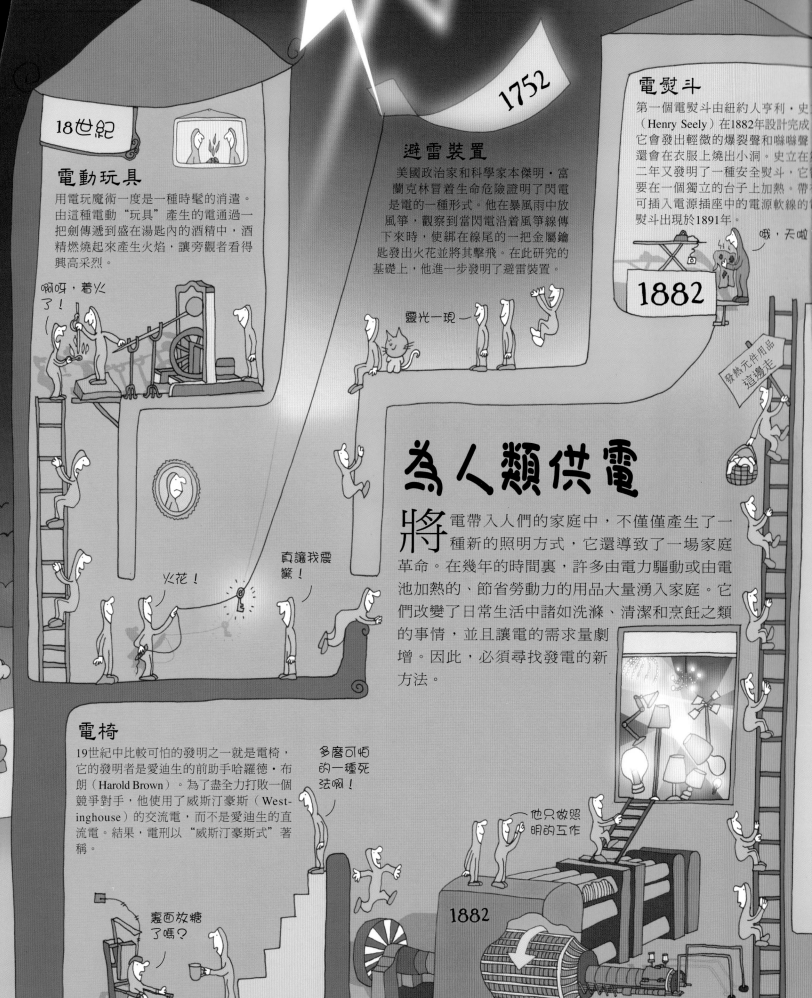

18世紀

電動玩具

用電玩魔術一度是一種時髦的消遣。由這種電動"玩具"產生的電通過一把劍傳遞到盛在湯匙內的酒精中，酒精燃燒起來產生火焰，讓旁觀者看得興高采烈。

1752

避雷裝置

美國政治家和科學家本傑明·富蘭克林冒着生命危險證明了閃電是電的一種形式。他在暴風雨中放風箏，觀察到當閃電沿着風箏線傳下來時，使綁在線尾的一把金屬鑰匙發出火花並將其擊飛。在此研究的基礎上，他進一步發明了避雷裝置。

電熨斗

第一個電熨斗由紐約人亨利·史⬛（Henry Seely）在1882年設計完成⬛它會發出輕微的爆裂聲和噝噝聲⬛還會在衣服上燒出小洞。史立在⬛二年又發明了一種安全熨斗，它⬛要在一個獨立的台子上加熱。帶⬛可插入電源插座中的電源軟線的⬛熨斗出現於1891年。

1882

為人類供電

將電帶入人們的家庭中，不僅僅產生了一種新的照明方式，它還導致了一場家庭革命。在幾年的時間裏，許多由電力驅動或由電池加熱的、節省勞動力的用品大量湧入家庭。它們改變了日常生活中諸如洗滌、清潔和烹飪之類的事情，並且讓電的需求量劇增。因此，必須尋找發電的新方法。

電椅

19世紀中比較可怕的發明之一就是電椅，它的發明者是愛迪生的前助手哈羅德·布朗（Harold Brown）。為了盡全力打敗一個競爭對手，他使用了威斯汀豪斯（West-inghouse）的交流電，而不是愛迪生的直流電。結果，電刑以"威斯汀豪斯式"著稱。

1888

1882

讓世界亮起來

精明的人
雖然斯旺在之前幾個月已搶先發明了燈泡，但是兩人很快便在爭奪專利權的法律戰爭中不相上下。然而到了1883年，他們已經將力量聯合起來，開始設計並生產 "Ediswan" 牌電燈泡！

在 19世紀早期煤氣燈得到推廣之前，夜晚的城市街道一直是黑暗且危險的。讓家裏變得明亮也不是一件容易的事。蠟燭太貴，油燈會發出臭味，而煤氣燈會釋放濃煙、污染家具並殺死盆栽植物！1870年代，有兩個人分別開始着手發明一種廉價、清潔、可通過輕按開關控制的照明工具——電燈泡由此出現了。

燈泡是怎麼工作的
愛迪生和斯旺的燈泡是利用 "白熾" 原理工作的：當電流流過燈絲時，燈絲會發熱發光。現代的白熾燈泡以一種類似的方式工作，但是現在的燈泡以鎢絲代替了碳絲。鎢絲使用壽命更長，發出的光更亮。

玻璃燈泡內裝滿了阻止燈絲燃燒的惰性氣體

當電流流過鎢燈絲時，它就會發光

玻璃座托着燈絲

支托金屬絲將電流傳到鎢絲中

螺紋與電源接觸

耀眼啊！

看啊，它沒有火苗也能發光！

玻璃燈泡

燈泡內的真空

由碳化的細絲製成的燈絲

而且不需要火柴就可以點燃！

愛迪生的第一個電燈泡

電燈泡

1879年，英國化學家約瑟夫·斯旺（Joseph Swan）和美國發明家托馬斯·愛迪生各自展示了一種有實用價值的電燈泡。燈泡主要由一根在真空中發光的燈絲組成。關鍵問題在於找出一種不會在數分鐘內就燒掉的燈絲。在使用了包括釣魚線和椰絨在內的各種材料進行了1,200次實驗之後，愛迪生發現碳化後的縫紉線製成的燈絲是最好的！

我希望有人能發明手電筒

1792

1800

1807

1831

1866

煤氣燈
威廉·默多克（William Murdock）成為了第一個安裝煤氣燈的人。他於1792年將煤氣燈裝在了他在英國康沃爾的家中。到了19世紀早期，整個歐洲和美國的城市街道都用煤氣照明。

伏特電池
第一塊電池由意大利科學家亞歷山德羅·伏特（Alessandro Volta）發明。由一堆金屬片和鹽水浸泡過的紙板組成的伏特 "電池" 第一次產生了穩定電流，使得製造電流的實驗變得更加容易。

弧光燈
英國化學家漢弗萊·戴維（Humphrey Davy）使用一個電池給他的發明——弧光燈提供動力。但直到1870年代一種實用供電方式出現後，弧光燈才開始用於街道照明。即使在那個時候，在家裏使用弧光燈也會覺得太亮了。

發電機
1831年，當英國科學家邁克爾·法拉第發現在金屬線圈中移動磁鐵，可以產生或者說 "感應" 出電流後，歷史的進程發生了變化。正是根據這個發現，法拉第發明了發電機。

勒克朗謝電池
使用一個裝有化學溶液的玻璃罐，將鋅棒和碳棒浸入其中，法國工程師喬治·勒克朗謝（Georges Leclanché）在1866年發明了一種新的電池。它是現代乾電池的雛形。乾電池為現代生活中從玩具到手電筒一類的無數物品供電。

發電機

如果沒有為家庭供電的方法，那麼電燈泡的存在還有什麼意義呢？愛迪生設計了一整套的電力供應系統，從高壓發電機、絕緣電纜到螺口燈座和電燈開關都包含在內，從而使得電燈泡有了實際的用途。1882年，他在紐約皮埃爾大街啟動了第一個民用發電站，這個發電站使用蒸汽驅動的發電機"點"亮了分佈於幾個城市街區的家庭和辦公室內的13,000盞燈。

愛迪生的皮埃爾大街發電機

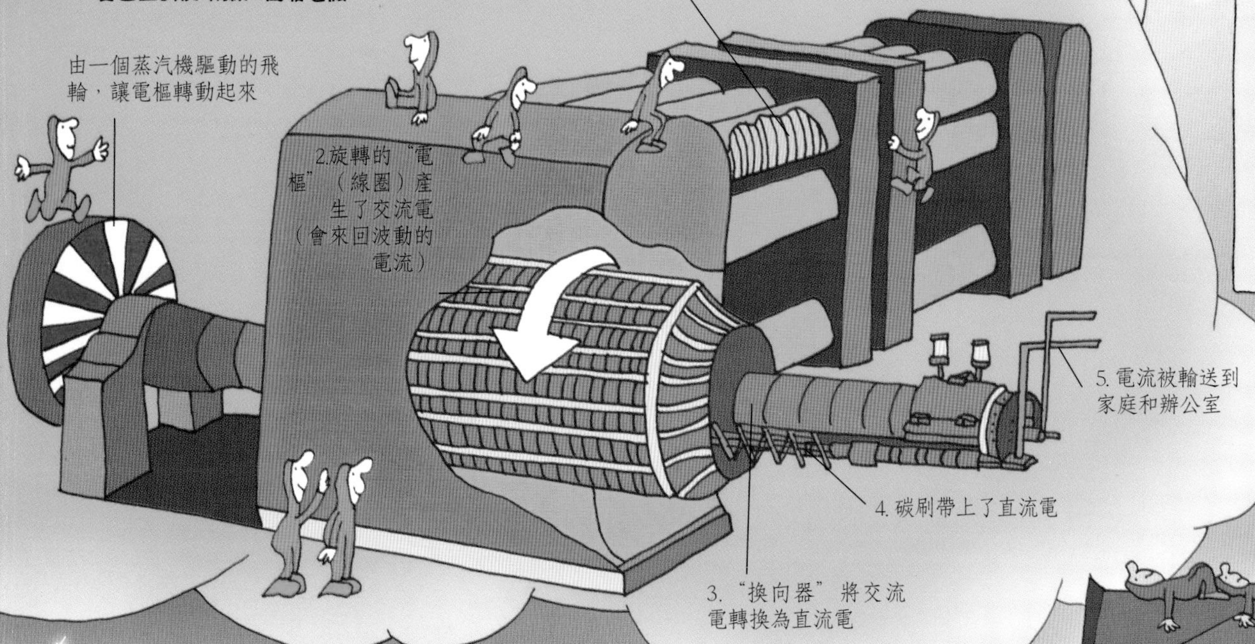

由一個蒸汽機驅動的飛輪，讓電樞轉動起來

1. 電磁鐵產生了一個磁場

2. 旋轉的"電樞"（線圈）產生了交流電（會來回波動的電流）

5. 電流被輸送到家庭和辦公室

4. 碳刷帶上了直流電

3. "換向器"將交流電轉換為直流電

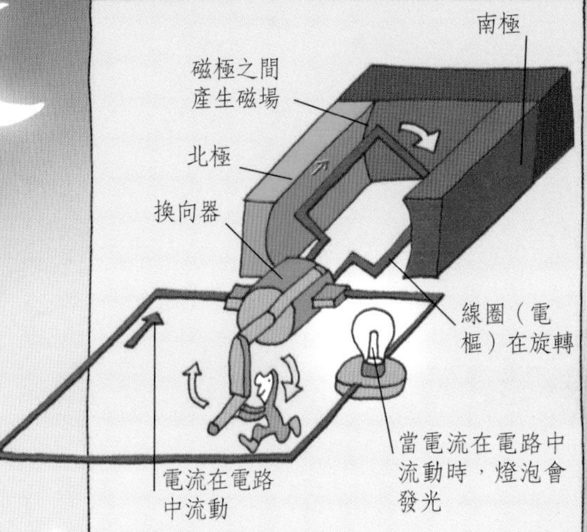

南極

磁極之間產生磁場

北極

換向器

線圈（電樞）在旋轉

當電流在電路中流動時，燈泡會發光

電流在電路中流動

發電機的工作原理

發電機的工作原理是"電磁感應"——即在磁場中移動一個線圈，會在線圈中感應出流動的電流。在這幅圖中，線圈的運動是通過轉動手柄產生的；愛迪生使用蒸汽機完成同樣的工作。因為發電機產生的是交流電（會來回波動的電流），愛迪生使用一種被稱作換向器的裝置將其轉換成直流電（只沿一個方向流動）輸送到家庭和辦公室中。

1880

1882

1888

1901

1912

我喜歡這些，但它們打擾到我睡覺了！

太亮了，我需要太陽眼鏡！

喔！這兒有一所日光房子嗎？

亂成一團！

那盞燈沒有燈絲！

它讓我變成綠色的了！

想知道今晚展示什麼嗎？

銷售燈泡

在發明白熾燈泡的一年時間裏，托馬斯·愛迪生一直在銷售電燈泡。他新改進的設計使用了碳化竹作為燈絲，能夠工作1,100個小時以上。

為皮埃爾大街供電

1882年愛迪生修建的皮埃爾大街發電站開闢了電力時代先河。很快地，其他使用與它相競爭的系統的發電站紛紛在西方世界建立起來。愛迪生最大的對手是喬治·威斯汀豪斯，他提供的是交流電。

蒸汽渦輪發電

愛爾蘭人查爾斯·帕森斯發明了一種新型蒸汽機——蒸汽渦輪。到1888年，它已經被用於驅動發電機。直到今天，現代的發電站和諸如巡洋艦之類的大型船隻還在使用蒸汽渦輪。

熒光照明

1901年，美國電機工程師彼得·古柏—海衛特（Peter Cooper-Hewitt）設計了一種不需要燈絲的電燈泡。它被稱為汞蒸汽燈，而且備受推崇。這種燈並不是很成功，但是到了1935年，這種創意又出現在管狀熒光燈中。

霓虹燈

法國物理學家喬治·克勞德（Georges Claude）發現，當電流通過一個充滿了氖氣的玻璃管時，會產生明亮的紅光。到1912年，他已經將他的發現應用於實際並發明了霓虹燈。

微波爐 1946

在進行雷達研究時，美國工程師珀西·斯賓塞（Percy Spencer）發現微波輻射能夠融化裝在他口袋裏的花生棒。在使用雞蛋和爆米花做試驗之後，他證實了微波確實可以煮食物，並據此發明了微波爐。

太陽能 1969

來自太陽的熱量也可以用於提供電力。第一個太陽能發電站位於法國的奧代婁，修建目的是為了給科學研究提供能量。從那時起，家庭開始使用太陽能。但是因為顯而易見的原因，它在日照充足的國家裏才能發揮最大的作用。

自動點唱機 1927

第一台自動點唱機製作於1890年，它有若干供個人使用的聽筒，只播放一首曲子。我們今天所知的自動點唱機——一個全電子的，能放大音量的，有多項選擇的播放器——由自動音樂器械公司於1927年生產。到了1939年，整個美國擁有了超過35萬台的自動點唱機。

核電站 1954

以煤和石油為燃料的蒸汽輪機所驅動的發電機為電力時代提供了電能。到了1954年，俄國人在莫斯科附近的奧布寧斯克小鎮上修建了第一座利用核子分裂（原子分裂）能量的核電站。兩年以後，英國的卡德霍爾成為世界上第一個大規模的民用核電站。核能最大的問題在於，它所產生的廢料會釋放出有害物質，其危害最長可持續25萬年。

電動剃刀 1929

美國陸軍中尉雅各布·舒適（Jacob Schick）想找到一種不需要肥皂和水就能刮鬍子的方法，所以他發明了電動剃刀。在以"舒適乾剃刀"為名投入市場後，它只需要一個電源插座，就可以提供很好的刮臉服務。

戴森真空吸塵器 1993

第一台真空吸塵器由赫伯特·布思（Herbert Booth）於1901年發明。它非常巨大，所以當它用一根長軟管吸塵時必須放在街上。1908年，胡佛在詹姆斯·斯潘格勒（James Spangler）的一個早期設計基礎上生產出一台電動吸塵器。80多年來，將灰塵吸入紙袋中的基本概念沒有改變，直到1993年詹姆斯·戴森（James Dyson）發明無袋真空吸塵器。

尋找一種可替代能源

用煤和石油燃燒產生的蒸汽來帶動發電機的方法不可能永遠使用下去。而且，燃燒這些化石燃料會產生導致全球變暖的"溫室氣體"。所以，人們必須繼續努力尋找到一種實用和環保的可替代能源，包括利用風能、水能和潮汐能。

洗衣機

美國工程師阿爾瓦·費歇爾（Alva Fisher）發明了電動洗衣機，使洗衣工作變得機械化。被稱為 "Thor" 的洗衣機不過是一個木桶，加上一個用螺栓固定在其底部的電動機。直到1960年代第一個 "雙桶" 出現後，洗衣機才開始流行起來，這不足為奇。

1907

這是洗毛料衣物嗎？

電動洗碗機

19世紀晚期，在美國有超過30名的婦女獲得了洗碗機的專利發明權。第一台投入生產的洗碗機是由約瑟芬·科科倫發明的，她已經厭倦了洗自己的碗碟。最初的洗碗機由手柄或蒸汽機提供動力，直到1912年它們才走向電動化。儘管這樣，還是到了1950年代洗碗機才開始在家庭中盛行。

1912

跳式烤麵包機

電烤爐於1893年出現在早餐桌上之後，烤麵包變成了常見的事。1919年，當美國發明家查爾斯·斯崔特（Charles Strite）獲得跳式烤麵包機的專利權後，一切發生了改變。最初為承辦宴會者設計的它到1926年時已經以 "烤麵包大師" 的身份進入了千家萬戶。

1919

吞拿　青豆　雞蛋　果醬　蜂蜜　花生醬　黃油　鉑餅

我只要跳上樓梯

你完蛋了！

電鑽

1895

在改進了電話設計，並發明了第一個火警報警器之後，德國電子工程師威廉·費恩（Wilhelm Fein）接着發明了世界上第一個電鑽。

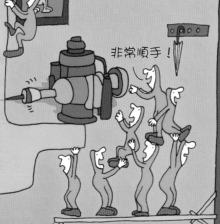

非常順手！

電冰箱

1851年，美國醫生約翰·哥里（John Gorrie）申請了一項冰箱的專利，它利用了一種壓縮氣體（製冷劑）膨脹時的製冷效應。但是直到1913年第一台電冰箱發明之後，冰箱才進入家庭。這種電冰箱的頂部安裝了一台電動壓縮機，能驅使製冷劑穿過盤繞的金屬管。

1913 電動壓縮機

真的呀

真冷

氣浮式剪草機

1830

剪草機的問世可追溯到1830年，當時英國人埃德溫·巴丁（Edwin Budding）發明了一種將刀片安裝在一個圓筒上的機器。大約一百年以後，第一台電動剪草機誕生。但直到1960年代氣浮式剪草機出現後，剪草機的基本概念才發生改變，新機器用旋轉的切割刀片代替了圓筒。

1960年代

電動扶梯

電動扶梯是美國工程師傑斯·雷諾（Jesse Reno）發明的。被稱為傾斜升降機的電動扶梯由一台電動機驅動，用一條連續傾斜的傳送帶取代台階。它看起來非常奇特，所以當它於1898年被安裝在倫敦著名的Harrods商場時，現場需要安排專人給顧客分發白蘭地以平復乘坐時帶來的恐懼。現代有台階的電動扶梯使用了一種精巧的雙輪軌道系統（見左頁），但這種系統到1921年才問世。

KitchenAid

1916

拿更多的雞蛋來

早期的食物攪拌機與電動攪蛋器沒有多大區別。後來美國工程師赫伯特·約翰遜（Herbert Johnson）發明了一種新型的多功能攪拌機。在這種攪拌機中，攪拌器和碗按相反的方向旋轉。它本來是為美國海軍設計的，但是不到三年，它就以KitchenAid這個品牌面向大眾銷售。

吹風機

手持吹風機能被製造出來，可能需要感謝由美國發明家切斯特·比奇（Chester Beach）在20世紀早期發明的小型高速電動機。由於包括了一個安裝在電熱絲上方、用於吹動空氣的電扇，早期的吹風機大且重，還發出不小的噪音。它還有金屬外殼和木質手柄。

咕嚕嚕嚕……

接下來是我了！

1920

奇妙的第一次

你是否曾經想過是誰發明了麵包片，什麼時候第一次出現四輪滑冰鞋，藍色牛仔褲是怎樣走進人們的生活的？即使是我們每天都要使用的最基本的東西，比如安全別針和罐裝食物也是某人在某個時候發明的。假牙的發明可以追溯到羅馬時代，然而其他東西，就像人造心臟和彈射座椅，大都是我們現代社會的產物。

約前700

新的牙齒！

假牙

在羅馬之前統治着意大利中部的伊特拉斯坎人是最先佩戴假牙的人。他們從動物口中拔出牙齒，用金的假牙架把它們固定在一起。窮人裝不起假牙，不得不用漱口水來治療牙疼。而漱口水就是將狗牙放在酒中煮沸製成的。

1760

啊哈！

四輪滑冰鞋

第一雙有記錄的四輪滑冰鞋是一個名叫約瑟夫·馬林（Joseph Merlin）的比利時人穿過的。他穿上冰鞋駛入一個舞廳，還拉着小提琴。唉！由於不能停下來或改變路線，他衝向了一面價格昂貴的鏡子，將它撞成了碎片！

罐裝食物

第一個用錫或者其他金屬保存食物的專利是在1810年由英國人彼得·杜蘭德（Peter Durand）獲得。兩年後布賴恩·唐科（Bryan Donkin）和約翰·霍爾（John Ha[...]創建了第一個罐頭製造廠為陸軍和海軍提供貨品。但是直[...]43年後，開罐器才被發明出來。

1810

他們正在把西瓜放進罐子裏！

有史以來最大的橡皮筋

1845

橡皮筋

在硫化橡膠發明後6年，英國橡膠製造商斯蒂芬·佩里（Stephen Perry）發明了橡皮筋，把一包紙捆在了一起。不久以後，小孩子們發現了橡皮筋的另一種用途：對不幸的朋友和敵人發射"子彈"。

讓我們連起來吧！

鈕扣釣魚……

1849

安全別針

沒有安全別針，我們能到哪去？扣子型別針的出現可能要追溯到羅馬時代，但是最後是美國發明家沃爾特·亨特（Walter Hunt）取得了我們今天仍在使用的這種設計的專利權。後來，有人在亨特死後開玩笑地說："沒有他，我們什麼也做不了！"

1873

趕快來！

非常合身！

小心別把褲子跑掉了！

迷人的鉚釘

牛仔褲

有人問加利福尼亞裁縫雅各布·戴維斯（Jacob Davis）是否能設計一些有口袋的、耐磨的工作褲。他靈光一現，把金屬鉚釘用於口袋角，使它更牢實。不久，他和粗斜紋棉布供應商利瓦伊·施特勞斯（Levi Strauss）合作，Levi's牛仔褲便誕生了！

1893

1914

1928

麵包片

美國珠寶商奧托·弗雷德里克·羅維德（Otto Frederick Rohwedder）非常喜歡吃麵包，他花了16年的時間完成了他的偉大發明——麵包片切割機。麵包片第一次在密蘇里州一個名叫奇利科西的小鎮上出售。到1933年，美國出售的80%的麵包都是預先切好的。

拉鏈

拉鏈最初叫扣子鎖，是由美國工程師懷特科姆·朱迪森（Whitcomb Judson）發明的一種拉緊靴子的裝置。但它有一個最大的設計缺點——它總會不斷地鬆開。現代的拉鏈是由瑞典工程師基典·桑德拜科（Gideon Sundback）於1913年設計的。

交通燈

第一個電子交通燈由美國交通信號公司安裝在了克利夫蘭市的十字路口。但它沒有三個信號燈，而只包括紅燈和綠燈，再加上一個報警的蜂鳴器。第一個三種顏色的交通燈4年後被安裝在了紐約市。

飛行員彈射座椅

世界上第一個彈射座椅安裝在了德國亨克爾（Heinkel）的試驗性噴氣式飛機上，其動力為壓縮空氣。幾個月以後，在一次真正的緊急事件中，它的價值得到了證明。飛機墜落了，但由於有彈射座椅，飛行員得救了。

1941

一次性尿片

當美國發明家瑪麗安·戴維斯（Marion Davis）把製造防漏的一次性尿片的想法付諸行動後，她的發明很受歡迎，以至於供不應求。因此，她以一百萬美元的價格把專利權賣給了一家童裝生產商，從此以後，她過着快樂的生活。

1951

1977

鼠標

很多人都對電腦的發展有所貢獻，但是鼠標是一個人——美國電子學工程師道格拉斯·恩格爾巴特（Douglas Engelbart）的智慧結晶。它以「顯示系統的X-Y位置指示器」為名而獲得專利，緊湊的結構和尾巴似的電纜很快為它贏得了可愛的綽號。

1964

人造心臟

人類的心臟一生中平均要跳動25億次，所以有時候它出點毛病也不奇怪。第一個成功的人造心臟是由美國醫生羅伯特·賈維科（Robert Jarvik）設計的。1982年，它第一次代替人類心臟工作，病人又神奇地存活了112天。

1820

這些公路真的很耐磨！

而且建造它們也很便宜！

第一條高速公路

1921

隨着越來越多的汽車被生產出來，必須建造更大更好的公路。1921年，德國人在柏林首次開放了阿伏斯高速公路（Avus Autobahn），這是世界上第一條雙車道高速公路。它只有10公里（6英里）長，在兩頭都有環線，因此它可以使車道長度加倍。

麥卡丹的碎石路

約翰·麥卡丹（John McAdam）設計了一種新型的造路法，將緊緻密集的土壤鋪在石頭和小鵝卵石上。通過的馬車將會碾碎小鵝卵石，填平任何空隙，還能使路面防水。

它永遠不會停止！

1913

消費者時代

當各公司開始採用福特的大規模生產方法後，越來越多的商品價錢比以前更便宜，生產速度也更快。"先買，後付"的原則讓汽車、炊具、電冰箱和食物攪拌機對普通百姓來說都唾手可得。到1950年代，消費者時代進入了高潮。

如果我的鄰居有一個，我也要一個！

現代化裝配線

美國汽車生產商亨利·福特（Henry Ford）發明了現代化裝配線，從而改變了工廠生產模式。每個工人都被安排一項任務。和以前從一輛汽車走到另一輛汽車不同的是，他們靜靜地站着等着汽車來到他們身前。生產一輛汽車的時間由12小時縮短為1.5小時！

奧托循環機

德國工程師尼古拉斯·奧托（Nikolaus Otto）1876年發明了至今仍以他的名字命名的熱機循環過程。1862年，阿方斯·貝努德·魯采斯（Alphonse Beau de Rochas）第一次描述了四衝程的循環機。但是奧托重新發明了它，並很快將它應用於新的內燃機生產線測試中。

我聽說某人發明了一輛帶發動機的單車？

摩托車

戈特利布·戴姆勒發明了汽油發動機後，並沒有把它直接用於客車，而是生產了一輛木頭單車，用單車來測試汽油發動機。這可視作摩托車的發明！但是9年後摩托車才正式投入生產。

嘿，他沒有踩車上的踏板！

1885

陸路、海路和航空旅行

很多發明，從輪子和公路到六角車床和加油泵，都應歸功於機動車和汽油發動機的成功。但是，更多的發明還在後面。1892年，魯道夫·狄塞爾（Rudolf Diesel）發明了一種新的內燃機，它為重型機械、船和火車頭提供了完美動力。1903年，萊特兄弟飛上了天空。到了1937年，費蘭克·惠特爾製造了世界上第一台噴氣發動機，標誌着航空旅行新時代的到來。

在旅途中

展望未來

蒸汽機在工業和運輸業發動了一場革命。儘管它可以和汽油機競爭20多年，但是它太不切合實際，要花很長的時間去啟動，從而不能成為公路上的主導者。從作為驅動工業機械化的穩定的引擎開始，內燃機便擔當了引發20世紀運輸革命的角色。這場革命中誕生了又輕又高效的發動機，這是機動車要為大眾運輸服務所"必備"的條件。

內燃機

第一台內燃機是使用煤氣的。後來，在1885年，德國工程師戈特利布·戴姆勒（Gottlieb Daimler）和威廉·邁巴赫（Wilhelm Maybach）成功地發展出了汽油發動機。從一個按四衝程循環操作的單缸開始，這種發動機很快就發展到在現代汽車中仍然使用的四缸形式。其動力來自於汽缸內燃燒的燃料，燃燒產生的氣體可按下活塞並轉動曲軸。

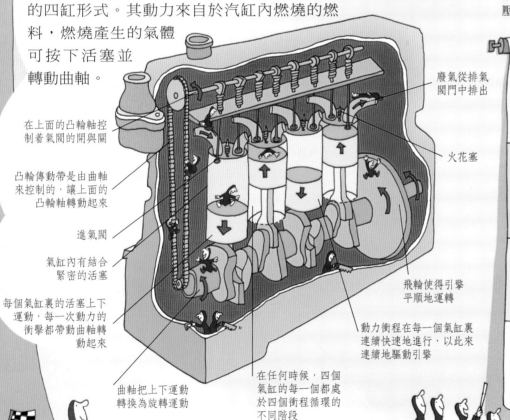

在上面的凸輪軸控制着氣閥的開與關

凸輪傳動帶是由曲軸來控制的，讓上面的凸輪軸轉動起來

進氣閥

氣缸內有結合緊密的活塞

每個氣缸裏的活塞上下運動，每一次動力的衝擊都帶動曲軸轉動起來

曲軸把上下運動轉換為旋轉運動

廢氣從排氣閥門中排出

火花塞

飛輪使得引擎平順地運轉

動力衝程在每一個氣缸裏連續快速地進行，以此來連續地驅動引擎

在任何時候，四個氣缸的每一個都處於四個衝程循環的不同階段

四衝程循環

當發動機在運轉時，每一個氣缸連續地完成一個四個步驟的循環，這就叫做四衝程。這些步驟在四個氣缸中依次進行，所以當一個氣缸在完成吸氣的衝程時，下一個正在進行壓縮的衝程，如此循環下去。

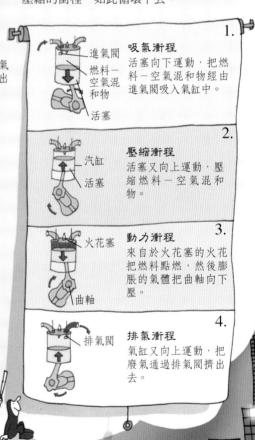

1.
進氣閥
燃料－空氣混和物
活塞
吸氣衝程
活塞向下運動，把燃料－空氣混和物由進氣閥吸入氣缸中。

2.
汽缸
活塞
壓縮衝程
活塞又向上運動，壓縮燃料－空氣混和物。

3.
火花塞
動力衝程
來自於火花塞的火花把燃料點燃，然後膨脹的氣體把曲軸向下壓。
曲軸

4.
排氣閥
排氣衝程
氣缸又向上運動，把廢氣通過排氣閥擠出去。

1885

第一輛汽車
卡爾·賓士在1885年成功的造出了第一台機動車。它以汽油發動機作為動力，用舵柄操作駕駛，但卻只有三個輪子！

賓士　戴姆勒

受鞭策者
卡爾·賓士（Karl Benz）和戈特利布·戴姆勒在機動車的發展中相互競爭。

2005

最快的車
世界上最快和最昂貴的車是恐怖的布加迪·威龍。擁有一個16缸的發動機，它能達到讓人吃驚的速度——時速400公里（250英里）。

汽油還是電力的？

兩者都是

1997

清潔污染物
汽油發動機汽車製造了太多的污染物，於是1997年豐田汽車發佈了一款世界上最早的混合動力汽車，名為普利斯（Prius），它在低速時由電動機提供動力，在高速時則由汽油機提供，這使得它行駛起來清潔得多。

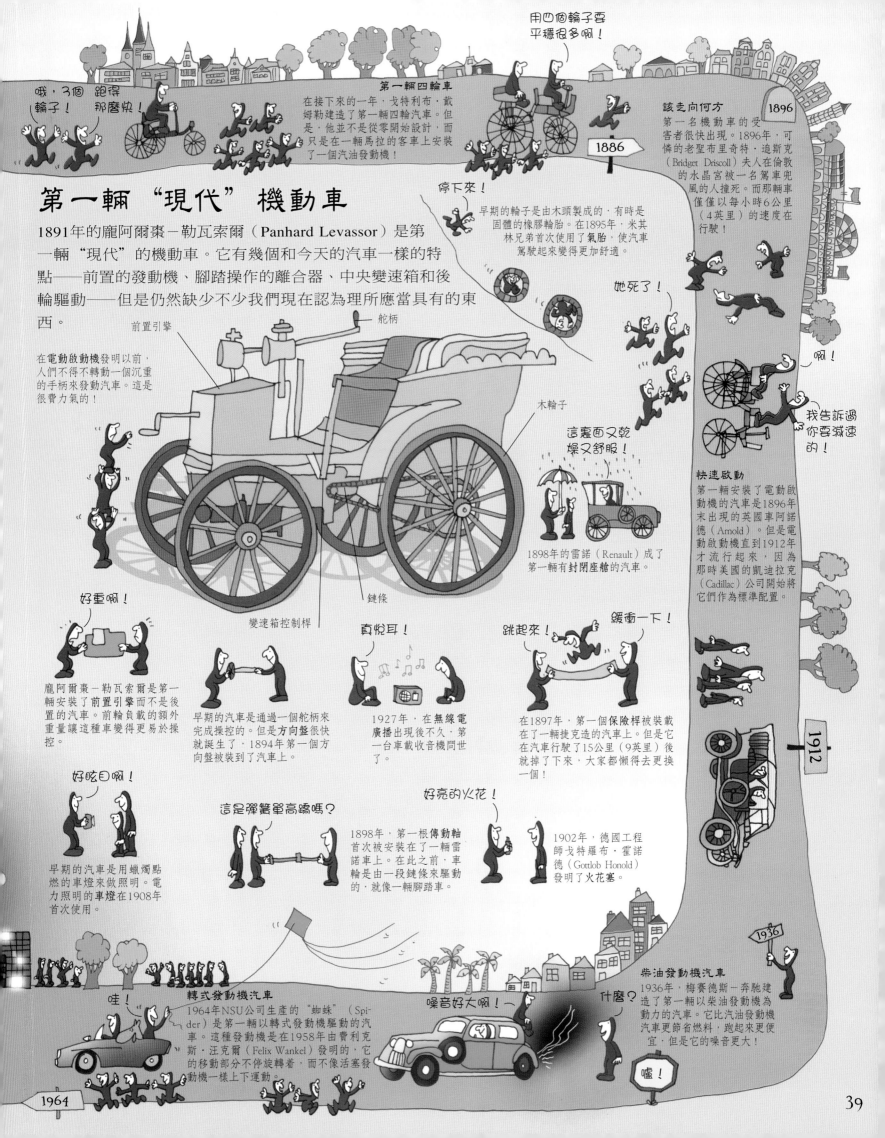

第一輛 "現代" 機動車

1891年的龐阿爾棄－勒瓦索爾（Panhard Levassor）是第一輛 "現代" 的機動車。它有幾個和今天的汽車一樣的特點——前置的發動機、腳踏操作的離合器、中央變速箱和後輪驅動——但是仍然缺少不少我們現在認為理所應當具有的東西。

在電動啟動機發明以前，人們不得不轉動一個沉重的手柄來發動汽車。這是很費力氣的！

前置引擎

舵柄

木輪子

鏈條

變速箱控制桿

龐阿爾棄－勒瓦索爾是第一輛安裝了前置引擎而不是後置的汽車。前輪負載的額外重量讓這種車變得更易於操控。

早期的汽車是通過一個舵柄來完成操控的。但是方向盤很快就誕生了，1894年第一個方向盤被裝到了汽車上。

1927年，在無線電廣播出現後不久，第一台車載收音機問世了。

在1897年，第一個保險桿被裝載在了一輛捷克造的汽車上。但是它在汽車行駛了15公里（9英里）後就掉了下來，大家都懶得去更換一個！

早期的汽車是用蠟燭點燃的車燈來做照明。電力照明的車燈在1908年首次使用。

1898年，第一根傳動軸首次被安裝在了一輛雷諾車上。在此之前，車輪是由一段鏈條來驅動的，就像一輛腳踏車。

1902年，德國工程師戈特羅布·霍諾德（Gottlob Honold）發明了火花塞。

第一輛四輪車

在接下來的一年，戈特利布·戴姆勒建造了第一輛四輪汽車。但是，他並不是從零開始設計，而只是在一輛馬拉的客車上安裝了一個汽油發動機！

早期的輪子是由木頭製成的，有時是固體的橡膠輪胎。在1895年，米其林兄弟首次使用了氣胎，使汽車駕駛起來變得更加舒適。

1898年的雷諾（Renault）成了第一輛有封閉座艙的汽車。

該走向何方

第一名機動車的受害者很快出現。1896年，可憐的老聖布里奇特·追斯克（Bridget Driscoll）夫人在倫敦的水晶宮被一名駕車兜風的人撞死。而那輛車僅僅以每小時6公里（4英里）的速度在行駛！

快速啟動

第一輛安裝了電動啟動機的汽車是1896年末出現的英國車阿諾德（Arnold）。但是電動啟動機直到1912年才流行起來，因為那時美國的凱迪拉克（Cadillac）公司開始將它們作為標準配置。

轉式發動機汽車

1964年NSU公司生產的 "蜘蛛"（Spider）是第一輛以轉式發動機驅動的汽車。這種發動機是在1958年由費利克斯·汪克爾（Felix Wankel）發明的，它的移動部分不停旋轉著，而不像活塞發動機一樣上下運動。

柴油發動機汽車

1936年，梅賽德斯－奔馳建造了第一輛以柴油發動機為動力的汽車。它比汽油發動機汽車更節省燃料，跑起來更便宜，但是它的噪音更大！

1886

1896

1912

1936

1964

1976

直升機

德國教授海因里希・福克（Heinrich Focke）製造了第一架實用的直升機。它有兩個按相反方向旋轉的旋翼，不像今天的直升機那樣只有一個旋翼。俄裔美國工程師依哥・斯克爾斯基（Igor Sikorsky）1939年製成了第一架單旋翼直升機。

1936

超！

音速！

協和式飛機

擁有流線型機身、三角翼和可調機首的協和式飛機（Concorde）是世界上第一種也是唯一的超音速客機。它的巡航速度居然達到了每小時2,125公里（1,320英里）。當它以超音速穿過大氣急速爬升時，會發出一種它特有的轟鳴聲。

第一架噴氣式飛機

按照與惠特爾類似的思路，德國物理學家漢斯・約阿希姆・帕布斯特・馮・奧海因（Hans Joachim Pabst von Ohain）設計的發動機驅動世界上第一架噴氣式飛機——試驗型"亨克爾He-178"。

1939

我感覺好興奮！

1952

我們已經接近那兒了吧？

別往下看！

客用噴氣機

世界上第一架客用噴氣式航班是英國的"德哈佛蘭彗星號"（de Havilland Comet）。它的巡航速度達到每小時800公里（500英里），使主要城市之間的飛行時間減半。但是由於它發生了事故，在1958年時美國的波音707飛機取代了它的主導地位。

飛行的床架

勞斯萊斯（Rolls-Royce）的試驗機型"推力測量塔"（Thrust Measuring Rig）由於顯而易見的原因而被暱稱為"飛行的床架"，它是世界上第一台垂直起降的、由噴氣發動機驅動的機器。它的技術被用來發展鷂式垂直起降飛機。

1954

垂直起降飛機

英國的鷂式垂直起降飛機是第一架能夠垂直起飛的噴氣飛機。它通過把噴氣引向下方而不是後方來實現垂直起飛。鷂式飛機的功能非常強大，它甚至可以向後飛。

1966

氣墊車

在克里斯多佛・科克若爾（Christopher Cockerel）用兩個錫罐和一個吹氣而不是吸氣的真空吸塵器驗證了他的理論之後，他接著發明了氣墊車。通過在氣墊上行駛來減小摩擦，他的新機器能夠穿越大陸和海洋。

1955

救命啊！

跳！

這種東西正在融化啊！

向下流動的空氣推動氣墊車往上

升力風扇把空氣往下拉

全球變暖

如今，我們比以前任何時候擁有了更多的汽車、飛機和消耗品。但是，因為燃燒化石燃料——汽油、天然氣和原油——來開車和製造商品，我們正在產生太多的有害溫室氣體，事情已經變得難以收拾。洪水、乾旱、饑荒以及冰冠融化就是我們所付出的高額代價。

向上，向上，
然後離開

一隻鴨子、一隻公雞和一頭羊成了有史以來第一批空中旅客。它們乘孟高爾費（Mont-golfier）兄弟的熱氣球載着在法蘭西的天空上遨遊。兩個月之後，第一次有人升上了天空。

1783

look up

1853

凱萊的滑翔機

英國男爵喬治·凱萊（George Cayley）是第一個弄清楚空氣動力學（研究是什麼讓東西飛起來）原理的人。在他80歲時，他還製造了世界上第一架真正成功的滑翔機。但是，他把他的車夫送上了天空，而不是自己親自去嘗試。在經過第一次由人操控比空氣重的航空器飛行之後，他的車夫就試圖放棄，說他是被僱來駕車而不是飛機的。

我辭職！

我感到噁心！

這是一場革命！

1903

1933

波音247

早期的班機絕大多數是雙翼飛機，有兩組機翼。雖然第一批班機被改裝成第一次世界大戰中的轟炸機，但到了1920年代，為滿足日益增長的需要，一批特別設計的樣機被製造出來。第一種現代班機是1933年問世的波音247：一種完全由金屬製成、低機翼的單翼機，可載10人，飛行速度為每小時250公里（155英里）。

第一次飛翔

1903年12月17日，來自美國北卡羅來納州的萊特兄弟威爾伯（Wilbur）和奧維爾（Or-ville）駕駛着一架比空氣重、有動力的航空器首次成功地實現了飛翔。在那天，他們駕駛着"飛翔者1號"僅僅飛行了59秒和260米（853英尺），但卻足以引發一場運輸革命。

1930

噴氣式發動機

1930年，英國工程師弗蘭克·惠特爾設計了一種新式發動機，它通過渦輪的旋轉產生一股強大的氣流，即熱氣流的噴射，以極大的速度推動飛機向前。雖然惠特爾在1937年就製造出了第一台試驗引擎，但在他能把引擎安裝在飛機上之前，德國人已經捷足先登了。

柴油發動機

德國工程師魯道夫·狄塞爾設計了一種新式的發動機，它依靠高度壓縮熱空氣，而不是火花塞，自動點燃燃料。雖然它噪音大而且笨重，但是運轉起來比汽油機便宜。它首次投入使用是在美國聖路易斯的一家釀酒廠裏。

摩托艇

在早期使用時，人們認為汽油機非常危險。因此當戈特利布·戴姆勒向世界展示第一台汽油驅動的摩托艇時，他安裝了很多電線來蒙蔽人們，讓大家以為這台摩托艇是用電力驅動的。

1892

乾杯！

這些柴油發動機真是很棒的機器！

太適合釣魚了！

那是一隻鳥嗎？

或是一艘船？

1886

令人驚奇的失敗

正如愛因斯坦所說，"我在通向成功的路上也曾失敗！"實際上，在發明過程中的失敗，能幫助人們收穫更重要的東西。某些發明，比如加尼林的降落傘，本來有技術上的故障，但後來被消除了；再比如休斯的巨型"史普魯斯之鵝"，由於野心太大，從一開始就注定了是要失敗的。當然，也有一些發明的失敗僅僅是因為沒人想要它們，例如辛克萊爾的C5電車。

1801

嗳，天哪！

狄克船長的吹噓者

理查德·特萊威狄因為發明了蒸汽車而聞名於世。但是，當他開着他第一輛載人蒸汽機車"狄克船長的吹噓者"出去兜風時，事情進行得並不是很順利。他讓蒸汽機車繼續前進自己走進一家小酒館慶祝成功。同時，發動機爆炸了！

下一步，我要發明一個嘔吐袋！

1894

1797

我感覺不舒服。

第一次跳傘

法國人安德爾·加尼林（André Garner-in）給自己做了一個7米寬、外面是帆布的天篷，然後進行了史上第一次跳傘，從一個氫氣球上跳了下來。麻煩的是，他不知道在頂部剪一個洞好讓空氣通過，降落傘搖擺得很厲害，他也劇烈地嘔吐。但是至少他安全着陸了！

馬克西姆的飛機

機槍的發明者海勒姆·馬克西姆（Hiram Maxim）發明了一架大型飛機，通過在鐵軌上滑行來起飛。它有5對翼展為38米（125英尺）的機翼，兩個以汽油為動力的蒸汽發動機使一對巨大的螺旋槳旋轉。在它撞到地面變成一堆廢鐵之前，有過一段短暫的飛翔。

也許還有更多的機翼？

愛迪生的失敗

儘管愛迪生有一些偉大的成功，但是他也有一些慘痛的失敗。他曾嘗試用"泡沫混凝土"建造家具。另一次失敗花費了他所有的財富，當時，他失敗地投資於一種新的技術——用磁鐵從低級的礦石中提煉鐵。

約1890-1910

水陸兩用車

正如廣告所說的"會游泳的汽車"，水陸兩用車是德國設計師漢斯·特里普（Hans Trippel）智慧的結晶。它同時具有船艇和汽車的特點。但是在陸地上它就像一條離開水的魚，在以每小時65公里（40英里）的速度前進時行駛狀態最佳。毫不意外的是，這樣的創意並沒有流行！

我們沉了！

高級旅客列車

英國鐵路的先驅——新型高級旅客列車被設計成行駛到拐角時就會傾斜，它從一開始就問題重重，包括會讓乘客覺得噁心！經過7年昂貴的建設後，整個計劃最終還是泡湯了。

1961

1982

呀！

1843

它幾乎要飛起來了！

蒸汽飛行機

英國工程師威廉·漢森（William Henson）的蒸汽飛行機一定要推薦一下。它由蒸汽推動，是世界上第一架擁有固定的由金屬絲鏈接的單翼螺旋槳推進的飛機。它唯一的問題是重得飛不起來！

1874

我要飛到南方去過冬！

德葛魯夫降落傘

比利時人文森特·德葛魯夫（Vincent de Groof）的一個雄心壯志就是要像鳥兒一樣飛翔。因此他為自己製造了一個用於降落的裝置。這個裝置有像鳥一樣的翅膀，他將翅膀掛在一個氣球上飄在倫敦上空。但是當他從氣球上放下裝置的時候，翅膀折斷了，德葛魯夫摔到了地上。他的飛行歲月還沒開始就結束了！

雲杉鵝

億萬富翁霍華德·休斯（Howard Hughes）在製造世界上最大的飛機的同時，也製造了一次空前的失敗。媒體因其木製的框架和笨拙的起飛而將之戲稱為"雲杉鵝"。它巨大的飛行艙相對於它的價值來講實在是太大了，它僅僅飛了那麼一次。

1947

它打扮亮些

我討厭這個東西！

搖擺的豪華遊艇

英國發明家亨利·貝斯瑪（Henry Bessemer）因為發明了一種有效的煉鋼方法而出名，但是當他製造船的時候就不那麼成功了。他造了一艘有一個搖擺客艙的蒸汽機船，其設計目的是讓它在大浪中搖擺以防止暈船。可惜，東倒西歪得更加劇烈，結果使坐船的人暈得更厲害！

1874

辛克萊爾C5

英國發明家克萊夫·辛克萊爾（Clive Sinclair）打算用他的C5電動車，來作為一種既便宜又清潔的汽油車替代品。但是，它以類似洗衣機那樣的電機作為動力，還配備了腳踏板來幫助爬坡，最高時速僅有每小時24公里（15英里），所以C5不能引起什麼大的反響一點也不奇怪。

1980年代

說"茄子"

1985

我們去兜一圈吧！

尼姆斯羅 3-D攝像機

在過去，3-D攝影需要一種特殊的眼鏡。後來，傑瑞·尼姆斯（Jerry Nims）和艾倫·羅（Allen Lo）發明了一種獨具創造性的攝像機，它在每次按下快門時產生4幀圖像，得到了一張3-D影像。但是他們的尼姆斯羅比起一般的攝像機要貴10倍以上，因此沒能大量生產。

杭利潛水艇

世界上第一次由潛水艇發起的攻擊既是一次成功也是一次失敗。賀瑞斯·杭利（Horace Hunley）用一個廢舊的鍋爐製造了一艘潛水艇，並且在桅杆的頂端綁上了魚雷作為武器。這船成功擊沉了一艘敵軍船隻，但是同時自己也炸毀了，同歸於盡。

1864

磁記錄 1898

在設計第一個電話答錄機的時候，丹麥電話工程師瓦爾德瑪·浦爾生（Valdemar Poulsen）利用磁性發明了一種新的錄音方式。他將鋼琴中的金屬絲磁化作成記錄器，但這項技術一直沒有得到應用，直到1930年代，第一個利用塑料磁帶進行記錄的現代磁帶錄音機才得以發明。

激光 1960

就像晶體管被用來放大電學信號一樣激光也被用來放大光信號。美國物理學希爾多·梅門（Theodore Maiman）製造第一個能運行的激光器，形成了一束強的純光線。在這束光線中，所有的光波都互步調一致。幾年後，激光就被用於進行外科手術、測量、金屬切割以及全息攝影。

伯林納留聲機 1888

德國工程師埃米爾·柏林納（Emile Berliner）將記錄聲音的圓柱體換成了碟片。作為更現代的磁帶播放機的先驅，他的留聲機比愛迪生的留聲機音質更好。很快唱片就開始被大批量生產了。

三極管 1906

美國發明家李·德福雷斯特（Lee De Forest）發明了三極管，這預示着電子時代的來臨。看起來像電燈泡的電子管被設計來探查無線電波和控制電流。之後，三極管開始用於放大無線和電視信號、放大唱片機的聲音，並成為電腦裏的轉換器。

讓所有人溝通起來

晶體管不僅改變了電腦技術，也在娛樂和通訊領域產生了革命。通過把它的前輩——三極管——的性能打包封裝在一個小單元裏面，它引發了許多小而便宜的器件的誕生，從晶體管收音機到便攜式電視機，還有錄音機。隨着在尺寸上的進一步縮小，它成為微芯片的最重要的部分，將會繼續改變着我們今天所認識的世界。

雷達 1935

蘇格蘭工程師羅伯特·沃森－瓦特（Robert Watson-Watt）將電子管運用到他的"無線探測與距離修正"系統，這套系統更為人所知的名字叫雷達。它涉及將敵機的無線信號彈回並利用回聲來指出敵機的距離。

晶體管收音機 1954

早期的收音機又大又笨重，還使用一種叫"貓鬚"的裝置來接收信號，後來用電子管。但在晶體管發明後，小巧又便於攜帶的收音機的發明成為可能。第一台晶體管收音機是美國的Regency TR1——它小到可以裝在口袋裏。

臂板信號機

古時，人們就使用煙霧和鼓聲來傳遞簡單信號。是羅馬人最早發明了一個旗語系統，這個系統通過舞動旗子來表達意思。後來，在1791年，法國人克勞德·夏普（Claude Chappé）發明了臂板信號機，從而將這個系統進一步升級。這是一個由裝有旋轉"手臂"的木柱組成的通信網絡，可以遠距離傳送編碼信息。

你說什麼？

1791

1877

愛迪生留聲機

在尋找記錄電報信號的方法的時候，美國發明家愛迪生的最偉大的發明之一——留聲機誕生了。聲音通過一根針在一個包着錫箔的圓柱體上震動而被記錄下來。至於回放是這個過程的簡單再現——震動被轉換回聲音。

1878

電報

在英國發明家威廉·庫克（William Cooke）和查爾斯·惠斯通（Charles Wheatstone）發明了一種通過電信號來傳送信息的方法後，通信革命發生了。他們的電報機有5根針指向字母表上的20個字母。因此，如果你想傳送含有Q、X、Z的單詞就會非常困難了。

那種踩腳聲是什麼？

麥克風

英國音樂教授大衛·休斯（David Hughes）因為發明了第一個真正有效的麥克風而享有盛譽。他的實驗模型僅由三個普通釘子和一些鬆弛的電線組成，卻敏銳得能探測到一隻蒼蠅的腳步聲。

1920年代

無線廣播

從無線電報到在電波裏廣播音樂和演講是一個巨大的進步。美國人雷吉納德·菲森登（Reginald Fessenden）在1906年的平安夜製作完成了第一次公開的無線廣播。到1920年代中期的時候，公眾廣播風行一時，每個人都迫不及待地打開他們的新無線收音機。

1837

到我了！

它在說什麼？

Sssss!

蛇？

1894

真好聽

你好

1876

今天

它說話了

無線電報

有線電報通過電線來傳遞編碼信息。意大利發明家古列爾莫·馬可尼（Guglielmo Marconi）發明了一種通過無線電波來傳送電報信號的辦法。在1901年，他成功地將第一個無線電報信息——字母"S"傳到了大西洋彼岸。

電話

電報對於遠距離傳送編碼信息是很理想的。但出生於蘇格蘭的發明家亞歷山大·格雷厄姆·貝爾（Alexander Graham Bell）想找到一個傳遞聲音的方法，結果就出現了電話——用電信號來模擬人的聲音震動。

絕妙的電腦

機械計算器問世已經350多年了。但是，直到20世紀早期，在一種叫做三極管的裝置發明之後，一種新型的計算器——電腦才誕生。電腦與計算器的不同之處在於，它們是可編程的——也就是說，它們有內存，能夠儲存指令。早期的電腦擁有數以千計的電子管，佔滿了整間房子。直到1947年，三個科學家發明了一些非常小、但是給我們的生活帶來巨大衝擊的東西——晶體管。

太棒了！

真奇妙！

晶體管

一批以提高電話系統性能為目標的美國貝爾電話實驗室的科學家發明了晶體管，由此徹底改變了電子學。它同樣能實現三極管的功能，可放大電信號並且在電腦中作為"開關"。但是它們要小很多，並且更可靠。晶體管代替了電子管後，電腦變得更小也更便宜了，它們的數量因此急劇增大。

這些東西似乎正在增加！

約翰·巴丁（John Bardeen）

威廉·肖克利（William Shockley）

沃爾特·布拉頓（Walter Brattain）

美國物理學家約翰·巴丁、沃爾特·布拉頓和威廉·肖克利在1947年發明了晶體管，他們因為出色的工作獲得了諾貝爾獎。

帕斯卡計算器	巴貝的分析機	二進制電腦	電腦
1642	**1834**	**1940**	**1944**

一項繁雜的發明！

法國物理和數學家布萊斯·帕斯卡（Blaise Pascal）為他身為稅務監管員的父親製作了一台精妙的計算器。這台計算器由一系列刻度盤和齒輪組成，只能做加法，而且它的結果還不是很可靠！

你看到我的打孔機了？

數學家查爾斯·巴貝奇（Charles Babbage）設計了世界上第一台機械計算機。被稱為分析機的它本應該非常龐大，以蒸汽機為動力，用打孔的卡片來編程。但結果它只有一小部分零件被製造出來。

1100100 110010？

0101011011 01101110！

1001

美國數學家約翰·阿塔納索夫（John Atanasoff）和克里夫德·貝瑞（Clifford Berry）試圖製造世界上第一台基於二進制系統的電腦。雖然他們連機器的最基本部分都沒有完成，但是二進制成為未來所有電腦的基礎。

這是什麼保密！

第二次世界大戰期間，英國工程師湯米·弗勞爾（Tommy Flowers）建造了史上第一台電腦，計劃用來破譯敵軍的密碼。它有1,800個電子管。他的巨人機器是一個巨大的秘密，以至於50年以來幾乎沒人知道它存在過！

家庭中的電腦

一個現代的家庭電腦系統是由許多內部和外部的元件連接起來的，每個元件都有自己的功能。有一些元件，例如鍵盤、光驅、麥克風，是用來把信息或數據輸入到電腦裏面；其他的一些元件，例如微處理器、顯卡、內存，是用來處理或存儲數據的；還有，顯示器、打印機作為輸出設備，是用來顯示電腦處理結果的。

只讀存儲器（ROM）——用於永久保存數據。即使電腦被關掉，這些數據也不會丟失。

隨機存儲器（RAM）——用於臨時保存數據。如果用戶不保存，當電腦被關掉時，這些數據會丟失。

鍵盤——用來把信息或數據輸入到電腦裏面。

顯卡——用於將數字信號轉化為彩色信號，從而在屏幕上顯示圖像。

硬盤——用來存儲大量的數據。數據可以安全地存儲在硬盤上，但是仍然可以方便地擦除和改寫。

鼠標——用於控制光標（通常是一個箭頭）在屏幕上的位置。

顯示器——用來顯示數據的處理結果。

主板——攜帶和連接電腦內部的各種電子元件。

微處理器——一種功能強大的芯片，是電腦的核心元件。

聲卡——把數字信號轉化為聲音信號，並用喇叭放出來。

光驅——用來從光盤上讀取數據或往光盤上寫數據。

打印機——用來打印給定任務的結果。

調制解調器——用來實現數據和聲音信號之間的轉換，然後利用電話線傳輸電子郵件和其他網絡信息。

二進制原理

現代的電腦是利用二進制代碼系統工作的。所有的信息都是用一串由"0"和"1"組成的編碼序列來表達。晶體管就像開關一樣工作，通常"0"對應着關，"1"對應着開。示意圖顯示了在電腦上如何表達字母A、B和C，點亮的燈泡代表"1"。

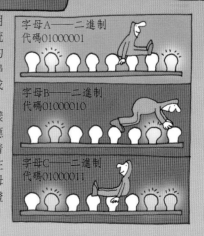

字母A——二進制代碼01000001

字母B——二進制代碼01000010

字母C——二進制代碼01000011

功能強大的微芯片

把番茄遞過來！

芯片包含了數以千計的元件

插頭使得芯片可以被插到主板上

1958年，工程師傑克·基爾比（Jack Kilby）和羅伯特·諾伊斯（Robert Noyce）各自獨立地發明了一種方法，讓晶體管和其他元件集成到一個微小的芯片上。比一個硬幣還小的微芯片，卻能夠攜帶大量的操作命令，正是它們最終將電腦帶出了科學實驗室，帶進了千家萬戶。

龐大的機器	可編程電腦	超級電腦	個人電腦

1945

這還是一種緊密模式呢！

世界上第一台電子管電腦叫做ENIAC。它是由美國科學家為軍事用途製造的。它由超過18,000個的電子管組成，重量相當於六頭大象，佔據了一整間大屋子。儘管如此，按現在的眼光來看，它還不是很快。

1949

現在，按照我告訴你的做！

EDSAC
PRO ZAK
UNIVAC

因為早期的電腦不是可編程的，所以它們並不是真正意義上的電腦。世界上第一台可編程的電腦叫做EDSAC，它是由英國劍橋大學的一個研究組製造的。美國很快就造出了相似的計算BINAC（二進制自動電腦）和UNIVAC（通用自動電腦）。

1976

這是一台不簡單的機器！

超棒！

真正艱深的數學問題需要真正不簡單的電腦。Cray-I是第一台新生代的超級電腦，它是由美國工程師西摩·克雷（Seymour Gray）設計的，速度達到每秒2.4億次運算。

1978

真奇妙，它是什麼？

它永遠都不會流行的！

隨着微處理器的發明，微型的桌面電腦變成了可能。世界上第一台成功的桌面電腦叫做Apple II，它包括了鍵盤和顯示器，是由史蒂夫·喬布斯和史蒂夫·沃茲尼克設計的。

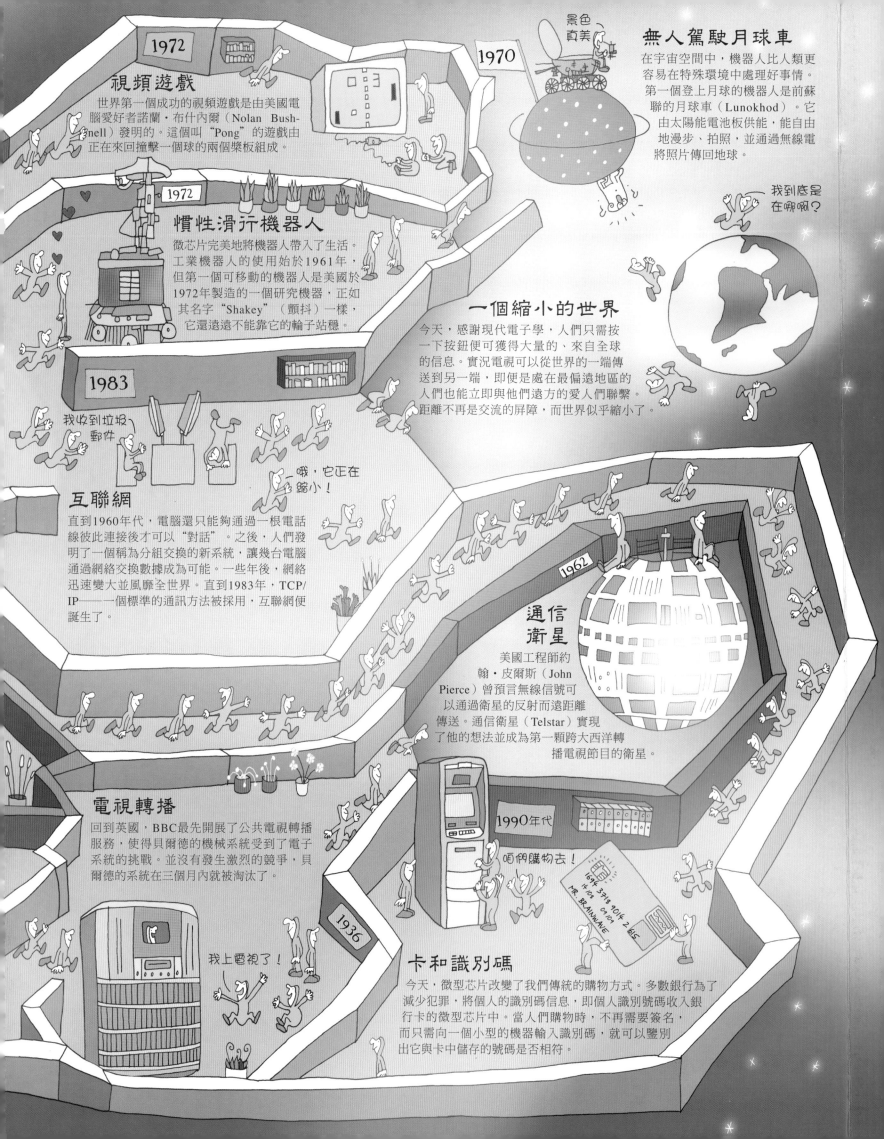

1972

視頻遊戲

世界第一個成功的視頻遊戲是由美國電腦愛好者諾蘭·布什內爾（Nolan Bushnell）發明的。這個叫"Pong"的遊戲由正在來回撞擊一個球的兩個槳板組成。

1970

黑色真美

無人駕駛月球車

在宇宙空間中，機器人比人類更容易在特殊環境中處理好事情。第一個登上月球的機器人是前蘇聯的月球車（Lunokhod）。它由太陽能電池板供能，能自由地漫步、拍照，並通過無線電將照片傳回地球。

1972

慣性滑行機器人

微芯片完美地將機器人帶入了生活。工業機器人的使用始於1961年，但第一個可移動的機器人是美國於1972年製造的一個研究機器，正如其名字"Shakey"（顫抖）一樣，它還遠遠不能靠它的輪子站穩。

我到底是在哪啊？

一個縮小的世界

今天，感謝現代電子學，人們只需按一下按鈕便可獲得大量的、來自全球的信息。實況電視可以從世界的一端傳送到另一端，即便是處在最偏遠地區的人們也能立即與他們遠方的愛人們聯繫。距離不再是交流的屏障，而世界似乎縮小了。

1983

我收到垃圾郵件

哦，它正在縮小！

互聯網

直到1960年代，電腦還只能夠通過一根電話線彼此連接後才可以"對話"。之後，人們發明了一個稱為分組交換的新系統，讓幾台電腦通過網絡交換數據成為可能。一些年後，網絡迅速變大並風靡全世界。直到1983年，TCP/IP——一個標準的通訊方法被採用，互聯網便誕生了。

1962

通信衛星

美國工程師約翰·皮爾斯（John Pierce）曾預言無線信號可以通過衛星的反射而遠距離傳送。通信衛星（Telstar）實現了他的想法並成為第一顆跨大西洋轉播電視節目的衛星。

電視轉播

回到英國，BBC最先開展了公共電視轉播服務，使得貝爾德的機械系統受到了電子系統的挑戰。並沒有發生激烈的競爭，貝爾德的系統在三個月內就被淘汰了。

1990年代

咱們購物去！

1936

我上電視了！

卡和識別碼

今天，微型芯片改變了我們傳統的購物方式。多數銀行為了減少犯罪，將個人的識別碼信息，即個人識別號碼收入銀行卡的微型芯片中。當人們購物時，不再需要簽名，而只需向一個小型的機器輸入識別碼，就可以鑒別出它與卡中儲存的號碼是否相符。

1982

這些是凹點

CD播放機

電子巨頭Sony和Philips聯合發明了一種新的音樂回放系統——CD播放機。利用激光技術，聲音被儲存在光盤表面的一系列凹點裏，再通過激光光束回放出來。

1998

MP3播放機

最新的購買音樂的方式是通過一個稱為"MP3"的壓縮格式在網上下載音樂。MP3由德國的費勞恩霍夫（Fraunhofer）研究所研製，能將聲音文件壓縮到原來的十二分之一，但聲音質量的損失卻很小。

我得到一個晶體管燈泡

救命啊！

好大的大頭針！

它在這

微芯片和微處理器

電子學的下一個飛躍源於1958年微芯片的發明，緊接着在1971年，功能更強大的微處理器也誕生了。不但是電視機、收音機，還有電腦都又一次發生了變化。許多新的器件，比如手提電話、數碼相機、CD機也應運而生。今天，所有的東西，從洗衣機到汽車都使用了微處理器。

無法拒絕晶體管！

我的原料變得越來越小了！

1958

1947

1979

手提電話

當貝爾電話實驗室發展了能通過無線電傳送電話的蜂窩系統後，電話變成了無線的。這包括建立一個個小區域（又稱蜂窩）的網絡，每一個小區域又都有自己當地的發射站。問題是早期的手提電話太大太重，所以不便攜帶。但它們逐漸變得越來越小，並於1991年發展成了數字化的。

1897

陰極射線管

德國物理學家費迪南·布勞恩（Ferdinand Braun）發明了一種可以在塗有磷粉的屏幕上移動電子束的裝置。當光束打在屏幕上，磷粉發光，形成了光的圖案。三十年過去了，他的陰極射線管構成了電視製作的基礎。

貝爾德電視機

蘇格蘭發明家約翰·洛吉·貝爾德（John Logie Baird）是第一個公開展示電視機的人。他通過一系列旋轉的磁盤傳出了一個口技者模糊的圖像。他的裝置是機械化的，而不是電子的，因而注定要被美國和英國的發展所超越。

1926

1928

電視

美國的電視前驅是自學成才的天才兒童費洛·范思沃斯（Philo T Farnsworth）。他利用電子管和陰極射線管第一次向人們展示了一個全電子的電視系統。

未來

未來是什麼樣的？我們可以通過仔細研究目前已經成為現實的創意，獲得一些關於未來的線索，例如為了器官移植而培養的器官、通過有效控制核聚變而得到沒有污染的能源、在太空建造旅館等。但是有些想法，比如穿梭時空、與外星生物接觸等仍然十分遙遠。它們更像是科幻作品，而不是未來的任何現實的景象。

燃料電池

讓氫氣和氧氣結合產生水而發電的想法可以追溯到1839年。那年，威爾士法官威廉·葛羅夫（William Grove）設計了世界上第一個燃料電池。從那以後，燃料電池技術得到了極大的提高，並且成功地為宇宙空間飛行提供能量。但更重要的是，它們能夠幫助我們解決現在的能源危機——為汽車提供無污染的能源。

美好的夜晚！

沒有難聞的尾氣啊！

太陽能汽車

1990年，澳大利亞舉辦了世界上第一屆太陽能挑戰賽。在這次大賽中，太陽能汽車行駛了3,000公里（1,864英里），成功地穿越了這個大陸。最近的贏家是"努諾3號"（Nuno 3），它是第一輛實現了平均時速超過100公里（62英里）的太陽能汽車。但是，如果太陽能汽車代表着汽車工業的未來，沒人會在陰雨天駕車外出很遠的！

太空中是沒有多雲天氣的！

你已經製造出所有東西的微型版了嗎？

是的。但是現在我找不到它們了……

小心我的手指頭！

我們去月球上散散步吧

救命！

抓緊了！

納米技術

在電子學領域，最新的東西就是納米技術了，也就是一項在十億分之一米尺度上有效的技術。它涉及通過單個分子來製造微型機器。有一天，它可能用來抵禦疾病、清除污染、為全世界製造足夠的食物。

星際旅館

星際旅行已經成為了現實。估計到2020年時，會有很多公司打算建造星際旅館。它們的形狀就像是圓圓的汽車輪胎，會圍繞着一根中心軸轉，從而在太空裏產生重力的感覺。

我想知道這個旅館是幾星級的

時間旅行

根據愛因斯坦的理論，當你以很快的速度運動時，時間會慢下來；而當你以光速運動時，時間會停下來。理論上說，這意味着只要你能超光速旅行，你就能回到過去。但是，由於我們只能以低於光速的速度旅行，時間旅行可能還是遙不可及的。

我們到1967年去吧

寂靜的飛機

20年後，嘈雜的飛機可能會成為歷史。劍橋大學和麻省理工學院已經聯合他們的力量來設計新一代的飛機。這種飛機將非常安靜，在機場外面你根本聽不到它們。

思想植入

一定有一天，植入到皮下的微處理器可以把信息傳輸給我們周圍的傳感器和電腦。它們將使得我們的生活更加方便：當我們回家的時候打開我們的房門；當我們坐下時打開我們的電腦；買東西的時候不用錢和卡來支付。它們甚至可以把思想和感受傳送給別人。

我皮下的芯片啟動了烤麵包機

機器人助手

自2001年以來，真空吸塵器機器人已經問世。但是在家裏使用具有人類特點的機器人似乎還不太可能。僅僅是讓兩條腿的機器人保持直立就需要一些很高級複雜的技術，更別提讓它沖一杯咖啡了。

主人，你有什麼吩咐嗎？

你能把這些襪子洗了嗎？

我猜想它們在融合！

能源緊缺

除非很快能發現一種安全的替代燃料，我們即將用完化石燃料，未來將比我們想像的高科技時代差很多。一個正在探究中的選擇是核聚變。現在核電站中使用核裂變，會產生非常有害的物質。而核聚變（兩個原子核的聚合）不像核裂變，它僅產生無害的氣體氦。

你又把心曠"咋"在你的袖子上了？

器官培養

克隆人可能不會被接受。但是一些科學家相信，使用克隆技術來培養人類器官可能是未來之路。這將是很有意思的事情。例如，如果一個人腎功能不穩定，科學家可以輕鬆地培養一個新的，然後換掉原來生病的那個。

克隆人

1997年，多利（Dolly）成為世界上第一隻克隆生物，它是對另外一隻羊的精確複製。然而，對克隆人的研究被認為是錯誤的，並且在很多國家被禁止。但我們並不能說在將來的某個時候，這樣的事情不會發生。

我們看起來一樣嗎？

不，不一樣！

是的，一樣！

咩咩咩！

X-43

2004年，X-43無人駕駛超音速試驗飛行器進行了第一次試飛，速度達到了驚人的7馬赫（也就是音速的7倍）。它可能代表着航空的未來，即可以在兩個小時內迅速地將我們運送到地球上的任何一個目的地。

你認為外星人現在正在看着我們嗎？

我對此表示懷疑！

flibble wibble!

外太空有人嗎？

甚至當你讀到這裏的時候，使用強大的射電望遠鏡的跟蹤站還在掃描着宇宙，尋找地球外的生命。我們可能已經有發現外星生命的技術，但是將來一旦發現他們，我們會有到他們那裏去的技術嗎？

我想試一試那個！

啊！

炸藥

意大利化學家阿斯卡尼奧·索布雷羅（Ascanio Sobrero）發現了一種強大的、新的液體炸藥。但是它非常不穩定，一搖動就很容易爆炸。第一種"烈性炸藥"不久就用於採礦和建造鐵路時炸開山石。麻煩的是，這種炸藥太危險了，很容易傷到使用者。

一間安全屋！ 1867

黃色炸藥和葛里炸藥

在第二次將自己的工廠炸掉之後，瑞典的炸藥生產商阿爾弗雷德·諾貝爾決定發明一種更加穩定的炸藥。於是他開發了一種將硝酸甘油固化的方法，這樣可以使炸藥更安全。他將自己的發明命名為黃色炸藥。8年以後，他在此基礎上推出了一種被稱為葛里炸藥的炸膠。

我的果醬！ 那是我的早餐！ 你完蛋了！

15世紀

手榴彈

手榴彈是最早的炸彈之一，由中空的、裝滿了黑色火藥的小球和安裝於小球上的簡單的保險絲組成。在第一次世界大戰期間，澳大利亞的士兵在果醬罐裏面填滿黑色火藥，製造出他們自己的手榴彈。這就是"果醬炸彈"一詞的由來。

1866

我不會游泳！

魚雷

早期的魚雷只是簡單地在木桅上繫上炸藥，用於攻擊敵人的船隻。在被要求改進魚雷設計之後，英國的工程師羅伯特·懷特黑德（Robert Whitehead）製造了第一顆自力推動的魚雷。這顆魚雷的綽號為"魔鬼的選擇"，靠壓縮空氣產生推動力，射程達到300米（980英尺）。

16世紀

一個叫瑪麗·羅斯的男人？

一個美女

1897

霍蘭潛水艇

早期的魚雷都是從特別設計的水面船隻上發射的，是潛水艇才讓魚雷發揮了真正的威力。第一艘真正成功的潛水艇是鯨形的"霍蘭6號"（Holland VI），由愛爾蘭裔美國人約翰·菲利浦·霍蘭（John Philip Holland）建造的。在水面時它由汽油機推動，而在水底它由電池驅動。這艘潛水艇從1900年開始為美國海軍服務。

人類戰爭

大炮剛剛發明出來就被用到了船上。但是直到16世紀早期，擁有專門設計的炮眼的戰船才被製造出來，用於攜帶重型的槍炮。於1510年首次下水的英國亨利八世的"瑪麗·羅斯號"（Mary Rose）便是這樣的一艘戰艦，它由帆推動，裝備有78支槍炮。

早期的潛水艇

以踏板產生動力的"海龜號"（Turtle）潛水艇，是最早的潛水艇之一，也是第一艘進行水下進攻的潛水艇。它是由大衛·布什內爾（David Bushnell）在美國獨立戰爭時期設計的。但是在它第一次執行任務時，在努力了半個小時也沒能將一個水雷繫到敵船船體上之後，它的領航員就放棄並逃跑了

1776

弓箭

有幾千年歷史的岩洞壁畫展示了人類使用弓箭打獵的場景。由於弓箭的射程比矛遠，因此人們用它們來捕獵兇猛的野獸時更安全。後來，弓箭成為戰爭中非常有用的武器。

預備⋯⋯ 瞄準⋯⋯ 發射！

約前30000

約前400

弩

中國人發明了第一台機械裝置，用於將弓弦向後拉，以增加箭的威力。這種新武器叫做弩。它的攻擊力比弓箭大，但是它的一個缺點就是需要花費較長的時間再裝，這就使得使用者在此時易受攻擊。

不要同我作對！

火箭

大約在公元1000年左右，中國人首先發明了焰火，他們使用黑色火藥產生巨大的爆炸聲響和突然爆裂、四處飛濺的火焰。在200年的時間裏，他們發明了火箭，後來又綁上爆炸性的彈藥，以適應軍隊的使用。

焰火真好玩！ 耶！ 約1200

彈弩

跟弓箭一樣，彈弩利用了被綁緊的拉帶或繩子產生的張力。希臘的工程師們製造了第一個彈弩，但是很快羅馬人就在戰爭中或攻城略地時使用彈弩向敵人拋出標槍或石頭了。被稱為弩炮的巨大彈弩能夠將重達20公斤（44磅）的石頭拋出350米（1,148英尺）遠。

約前400

哇！ 呵！ 唉！

轟然巨響！

在火藥發明之後出現了大炮，隨後依賴彈力的武器慢慢地就被淘汰了。當這些武器和它們的後繼者——大型槍炮——變得越來越高級，人們發現了使用它們的新方法：建造重型武裝的戰艦和陸上戰車。魚雷、炸彈以及烈性炸藥需要新的運載方式，由此產生了潛水艇、戰機和火箭。後來美國人發明了原子彈——這是所有武器中破壞性最大的一種。

大炮

早期大炮的製作方法與啤酒桶的製作相似，即利用鐵鈎將鐵桶放在合適的位置。這就使得它們在很多方面都成為危險的武器，比如，為了破壞敵人的防禦工事，炮手很可能直接面對爆炸。

前2000 你是個危險人物！ 約1320

戰車

四輪戰車最早是在古代的美索不達米亞地區（現在的伊拉克）由牛車發展而來的。但是它們確實相當笨拙。將四輪變為兩輪、減輕結構重量、用馬代替牛，這些措施促成了一種更機動、更具威脅性的機器——戰車的出現。

約前600

戰船

4,000年前，古希臘的克里特島創建了第一支海軍。但是是希臘人創建了第一艘真正意義上的戰艦。它有三層槳座，時速可超過8海里。

火藥的威力

自石器時代以來，戰爭和武器就到處存在。那時的人們第一次為了土地和食物而用原始的石器相互爭鬥。羅馬時代，最複雜的武器——例如弩和彈弓——依靠彈力來對敵人投擲發射物。後來，中國人發明了火藥。它並沒有立刻產生影響，而是在大約400年後，火藥才在戰爭中用於發射槍彈。但是其後果是永遠地改變了戰爭的範圍。

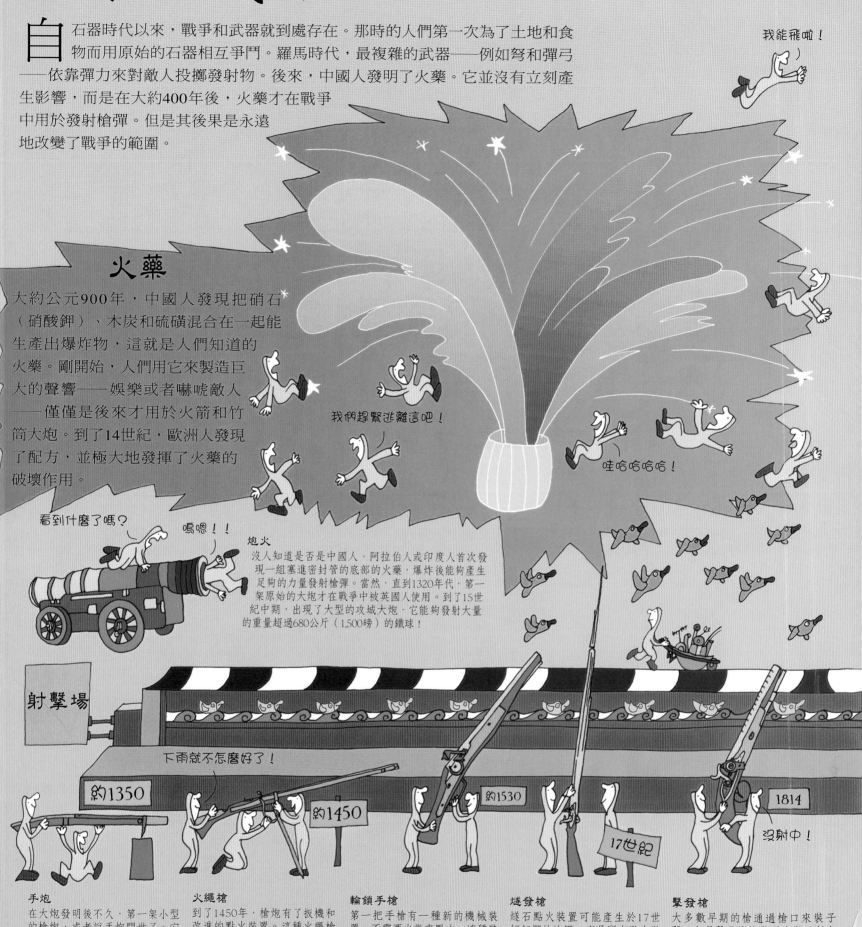

火藥

大約公元900年，中國人發現把硝石（硝酸鉀）、木炭和硫磺混合在一起能生產出爆炸物，這就是人們知道的火藥。剛開始，人們用它來製造巨大的聲響——娛樂或者嚇唬敵人——僅僅是後來才用於火箭和竹筒大炮。到了14世紀，歐洲人發現了配方，並極大地發揮了火藥的破壞作用。

我能飛啦！

我們趕緊逃離這吧！

哇哈哈哈哈！

看到什麼了嗎？

嗯嗯！！

炮火

沒人知道是否是中國人、阿拉伯人或印度人首次發現一組塞進密封管的底部的火藥，爆炸後能夠產生足夠的力量發射槍彈。當然，直到1320年代，第一架原始的大炮才在戰爭中被英國人使用。到了15世紀中期，出現了大型的攻城大炮，它能夠發射大量的重量超過680公斤（1,500磅）的鐵球！

射擊場

下雨就不怎麼好了！

約1350

約1450

約1530

17世紀

1814

沒射中！

手炮

在大炮發明後不久，第一架小型的槍炮，或者說手炮問世了。它比小型的大炮還要小，通過用燃燒的木炭或者滾燙的金屬絲接觸炮管邊的孔來點火。主要的裝置被點燃之後產生了爆炸，並把小球射出炮口。

火繩槍

到了1450年，槍炮有了扳機和改進的點火裝置。這種火繩槍由鐵扣子（鎖）控制著燃燒的火繩。扣動扳機把鐵扣朝下旋轉，可以巧妙地讓火柴與火藥接觸。

輪鎖手槍

第一把手槍有一種新的機械裝置，不需要火柴來點火。這種裝置叫做輪鎖，它由一個可以旋轉的鋸齒狀的輪子組成，拉下扳機時，它反彈到一塊硫化鐵上。由此產生的火花就會點燃火藥。

燧發槍

燧石點火裝置可能產生於17世紀初期的法國，它是所有點火裝置中生產起來最簡單、最便宜和最可靠的。這就是為什麼此後200多年它一直處於統治地位的原因。即使如此，按照最快的速度計算，一支燧發槍每分鐘也僅能發射3輪，或者說3發。

擊發槍

大多數早期的槍通過槍口來裝子彈，但是擊發槍的發明改變了所有這一切。第一種擊發槍有一個外部的"發火帽"，打火時，發火帽爆炸，通過管子掉進槍管內。接著，它又與彈藥筒相接隔，連同子彈和彈藥直接裝進後膛。

燧發槍的火力

提高火力的關鍵之處在於，找到一種方便快速的點火辦法。敲擊打火石就是一種不錯的選擇。為了給槍點火，槍手們需要在槍筒中加入大量火藥，然後通過推動彈桿將火藥擠成球狀，再將少量炸藥放入到擊發槽內；關閉彈藥匣，將槍機扳回到"準備擊發"狀態，最後瞄準目標扣動扳機！

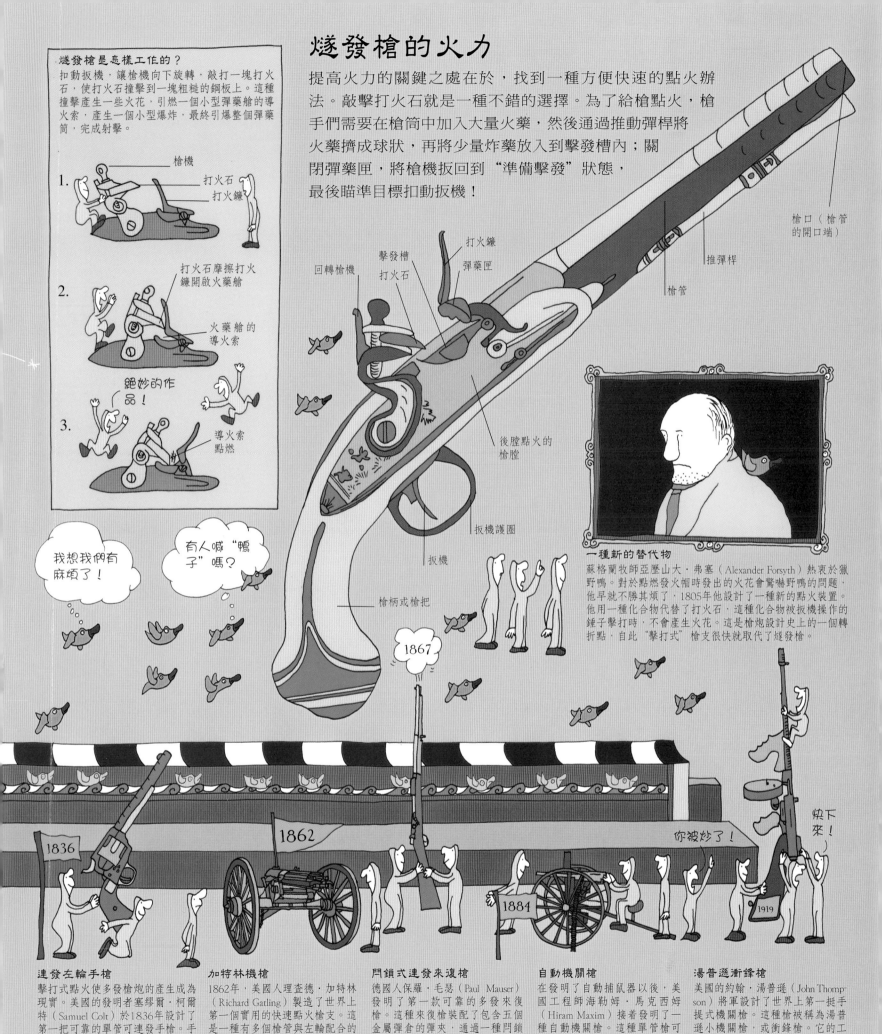

燧發槍是怎樣工作的？

扣動扳機，讓槍機向下旋轉，敲打一塊打火石，使打火石撞擊到一塊粗糙的鋼板上。這種撞擊產生一些火花，引燃一個小型彈藥艙的導火索，產生一個小型爆炸，最終引爆整個彈藥筒，完成射擊。

1. 槍機 / 打火石 / 打火鐮
2. 打火石摩擦打火鐮開啟火藥艙 / 火藥艙的導火索
3. 絕妙的作品！ / 導火索點燃

我想我們有麻煩了！

有人喊"鴨子"嗎？

回轉槍機 / 擊發槽 / 打火石 / 打火鐮 / 彈藥匣 / 槍口（槍管的開口端）/ 推彈桿 / 槍管 / 後膛點火的槍膛 / 扳機護圈 / 扳機 / 槍柄或槍把

1867
1836
1862
1884
1919
你被炒了！
快下來！

一種新的替代物

蘇格蘭牧師亞歷山大·弗塞（Alexander Forsyth）熱衷於獵野鴨。對於點燃發火帽時發出的火花會驚嚇野鴨的問題，他早就不勝其煩了，1805年他設計了一種新的點火裝置。他用一種化合物代替了打火石，這種化合物被扳機操作的錘子擊打時，不會產生火花。這是槍炮設計史上的一個轉折點，自此"擊打式"槍支很快就取代了燧發槍。

連發左輪手槍

擊打式點火使多發槍炮的產生成為現實。美國的發明者塞繆爾·柯爾特（Samuel Colt）於1836年設計了第一把可靠的單管可連發手槍。手槍中間有一個可旋轉的左輪，可容納五發子彈。在很長一段時間裏，這種批量生產的連發左輪手槍在西方世界裏是不可缺少的武器。

加特林機槍

1862年，美國人理查德·加特林（Richard Gatling）製造了世界上第一個實用的快速點火槍支。這是一種有多個槍管與左輪配合的武器。儘管加特林機槍是手搖式的，它仍可以實現每分鐘1,200發子彈的發射速度，因此迅速被美軍採用。

閂鎖式連發來復槍

德國人保羅·毛瑟（Paul Mauser）發明了第一款可靠的多發來復槍。這種來復槍裝配了包含五個金屬彈倉的彈夾。通過一種閂鎖機制，槍手可以用兩個簡單的動作，從槍的後部取出用盡的彈殼並且迅速更換上子彈。

自動機關槍

在發明了自動捕鼠器以後，美國工程師海勒姆·馬克西姆（Hiram Maxim）接著發明了一種自動機關槍。這種單管機槍可以以每分鐘600發的速度發射子彈，它利用開火時產生的後坐力來實現空子彈殼的彈出和新子彈的裝載。

湯普遜衝鋒槍

美國的約翰·湯普遜（John Thompson）將軍設計了世界上第一挺手提式機關槍。這種槍被稱為湯普遜小機關槍，或衝鋒槍。它的工作原理是坐後效應，即利用裝料爆炸產生的氣體壓力完成彈藥筒的裝彈和發射。很快，美國各地的強盜們都開始使用衝鋒槍了。

這東西發飆了

1957

洲際彈道導彈

1950年代，前蘇聯和美國爭相研製第一枚洲際彈道導彈（ICBM）——即一種核動力裝備的火箭，它的射程能夠達到洲之間的距離。經過多次失敗的嘗試，由謝爾蓋·科羅廖夫（Sergei Korolev）領導的前蘇聯小組成功地發射了他們的多級火箭"R-7"，它的射程達到了令人驚奇的6,400公里（4,000英里）。

土星-V

R-7的成功揭開了新一輪的競賽——太空競賽。當美國宇航員第一次登上月球時，這個競賽達到了最高峰。為了將阿波羅飛船運送到登月軌道，美國國家航空航天局研製了土星-V運載火箭。土星-V有33層樓高，是迄今為止力量最大的巨型火箭。

發射升空！

1969

只是多了一些蒙灰的東西而已！

戰爭的發動

雖然戰爭非常可怕，但是那些用於發動戰爭的技術確實給了我們很多在日常生活中必不可少的東西。人造橡膠、罐裝食品、航空導航系統、電腦和網絡都是軍事發明的產物。類似地，條形碼、熟食、帶保持乾燥的鞋墊的運動鞋，都是太空技術產生的副產品。

那個東西飛得好快！

什麼東西？

1982

1945

隱形飛行器

雷達出現之後，發現敵方飛機變得十分容易。直到美國的空軍研製了世界上第一架隱形戰鬥機——F-117夜鷹（Nighthawk），情況才有所改變。它之所以幾乎不能被雷達看見和探測到，是因為它綜合採用了特殊材料和多面體表面。

原子彈

第一顆在戰爭中投入使用的原子彈被稱為"小男孩"（Little Boy），從名稱上看它毫無危害，但在日本廣島上空爆炸時，卻讓人們看到了破壞性最大的爆炸。在美國成立的、由羅伯特·奧本海默（Robert Oppenheimer）率領的科學家小組製造的這顆原子彈宣佈了核時代的到來，從此人們生活在對再次使用核武器的恐懼中。

嘿……

1985

悍馬軍用車

人們設計坦克的初衷是為了利用它強大的火力。但是在戰爭中，軍隊還需要速度快而且可靠的車輛來運送部隊、武器和貨物。1985年美軍投入了一種新型的、革命性意義的和獨一無二地滿足高機動性多用途的四輪驅動車——悍馬（HMMWV，發音為"Humvee"）。

不用電池的

1954

它跑掉了！

那多酷啊

核潛艇

以電池作為動力的潛水艇為了給電池蓄電必須重新浮出水面。美國"鸚鵡螺號"（Nautilus）就沒有這樣的問題。它的動力來自核反應堆產生的熱，這些熱可以產生蒸汽從而推動潛水艇。由於不用浮出水面，它成為第一艘航行於北極冰冠下的潛水艇。

模塊化潛水艇

美國最新系列的潛水艇"弗吉尼亞級"（Virginia Class）擁有獨特的模塊結構。這種結構使得它能夠不斷升級。各個獨立的部分，比如控制中心或武器艙，只需要在幾天之內就可以完成搭建、改造或替換，避免了檢修所花費的冗長時間。

2003

我想我該改頭換面了！

1926

液體燃料火箭

美國教授羅伯特‧戈達德（Robert Goddard）對星際旅行非常着迷。但由於已有的固態高爆炸性燃料不能提供足夠的動力，他開發出了一種以液體燃料為動力的新型火箭。這支名叫奈爾（Nell）的火箭首次飛行衝上了14米（46英尺）的高空，然後降落在一片卷心菜地裏。

請小心別碰壞我的卷心菜！

你真不幸！

讓我離開這裏！

V-2火箭

在美國，沒人注意到戈達德的工作。但是在德國，火箭工程師沃赫‧馮‧布勞恩（Wernher von Braun）使用了他的技術製造了一種致命的武器。這種武器被稱為V-2或者"復仇"火箭2號，它成了第一批大規模製造的遠程導彈。

1915

戰鬥機

在第一次世界大戰中首次使用的軍用機是用來偵察的，目的是看看地面發生了什麼。1915年，德國人開始把機槍裝配在飛機上，在旋轉的螺旋槳金屬片之間開火。到了1917年，交戰雙方都配備了專門的戰鬥機，例如右圖的"索普維奇‧駱駝"（Sopwith Camel）。與敵機之間展開空戰也變成了稀鬆平常的事情。

兩隻翅膀就是好過一隻！

下面的人小心哪！

轟炸機

輕巧的戰鬥機非常適合空中格鬥。但是，對於空襲任務，需要有更堅固、航程更遠的飛機。最早的轟炸機——一架俄國的西科爾斯基（Sikorsky）——是在1914年由民用飛機改裝成的。到了1917年，英國和德國特意建造了重型轟炸機，比如說英國的HandleyO/400，能夠攜帶2,000公斤（4,400磅）炸彈飛行650多公里（400英里）。

空投炸彈

往下……

第一次從飛機上投擲炸彈發生在1911-1912年的意大利－土耳其戰爭期間，當時就是簡單地讓飛行員從飛機的側面把炸彈拋下去。在第一次世界大戰中，出現了特製的空投炸彈。為了增強穩定性和方向性，炸彈上裝了尾翼。

1917

1916

坦克

在第一次世界大戰中，英國人發明了一種有軌裝甲車來穿過壕溝、鐵絲網等障礙物。這項工作非常保密，所以第一輛成功的模型"大威力"（Big Willie）被稱作水箱或水櫃，以掩蓋它的真正功能。

1906

英國皇家海軍的無畏戰艦

蒸汽動力、鋼質結構、遠程火炮和魚雷在19世紀逐漸改變了軍艦的設計。後來，在1906年，英國製造了巨大的戰艦"無畏號"（Dreadnought）。它的船體裝甲厚度達16釐米（11英寸），擁有10門12英寸（305毫米）口徑的火炮，24挺小型快速火炮和5個魚雷發射管，是當時製造的最難對付的戰艦。

上部結構

1924

航空母艦

當作戰飛機的角色越來越重要時，找到飛機在艦艇上起飛和降落的方法就變得極為重要。早期的航空母艦是由巡洋艦改裝的，但是甲板的上部結構給它的發展製造了障礙。第一艘擁有一邊向外延伸的甲板上部結構的航空母艦是由英國製造的"老鷹號"（Eagle），它於1924年由一艘戰艦改裝而成。它成為後來英國和美國的航空母艦的模型。

神氣什麼！

看，我沒用手扶着！

大事年表

文明可以產生和消失，帝國會崛起和衰落，戰爭不[斷]爆發，大腦不停轉動……無論什麼時候，人類都堅持發明新的東西。對探索的渴求將克里斯托弗·哥倫布（Christopher Columbus）帶向美國，也引發了望遠鏡[和]顯微鏡的誕生。維多利亞時代的創新激情產生了電[燈]泡和電影，而蒸汽機和電腦這類機器的誕生則定[義]了它們所在的時代。

真是個驚人的好主意！

約前3500
輪子誕生

約前3100
在美索不達米亞發明了文字

史上第一份購物單！

約前2000
兩輪戰車首次使用

約前900
希臘人發明了第一張字母表

約1430
揚·凡·艾克（Jan van Eyck）發明了油畫

約1600
發明了複式顯微鏡

約前3500
第一個城市在美索不達米亞（現在的伊拉克）建立了

約前2500
在埃及的吉薩建造了大金字塔

約前400
彈弓和弩出現

1608
發明了望遠鏡

約1320
大炮首先在歐洲使用

1455
古登堡發明了活版印刷

約1612
發明了燧發式步槍

前480
古羅馬的黃金時代開始了

約前220
中國開始建造長城

前1000

約前50
中國人發明了紙

約前100
水車出現了

約1350
使用第一挺前膛槍

1657
鐘擺式鐘錶出現

前44
愷撒被謀殺

約748
在中國印出了第一張報紙

約900
火藥被發明出來

約1000
用火藥製造了第一個焰火

1500
第一塊錶被製作出來

1712
新型蒸汽機

約650
"0"發明出來代表什麼也沒有

約1280
製成了第一副眼鏡

約350
有了第一本用紙做成的書

現在我什麼也做不了！

約840
暗箱得到了開發

多希望我會識字啊！

100

1000

1600

1348
黑死病在歐洲殺死了2,500萬人

1620
新阿姆斯特丹建立，並於1664年重新命名為紐約

1456
"刺刑者"弗拉德成為羅馬尼亞的國王

1642
英國國內戰爭爆發

117
羅馬帝國在最大程度上進行了擴張

410
羅馬帝國被攻陷、衰落

885
北歐海盜圍攻了巴黎

約1140
哥特式建築時期開始了

約1470
印加人建造了山地城市馬丘比丘

285
羅馬帝國一分為二

633
穆斯林開始征服地中海大陸

790
北歐海盜襲擊開始了

約1200
成吉思汗開始帶領蒙古人征服亞洲

1492
克里斯托弗·哥倫布到達美洲

1275
馬可·波羅（Marco Polo）來到了中國的北京

約1500
意大利文藝復興達到了它的鼎盛時期——古典文學形式的復興

如果你想知道……

1543
哥白尼宣稱地球圍繞太陽旋轉

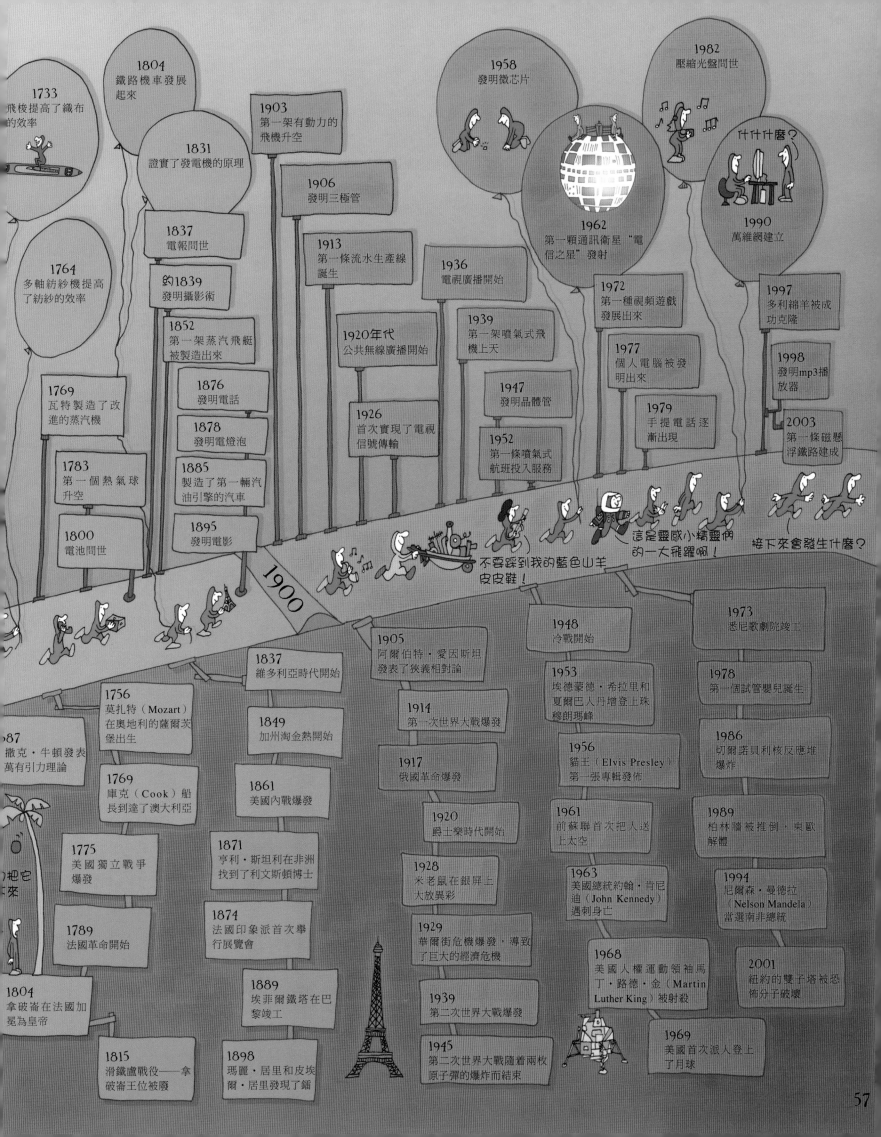

1733 飛梭提高了織布的效率

1804 鐵路機車發展起來

1831 證實了發電機的原理

1903 第一架有動力的飛機升空

1906 發明三極管

1837 電報問世

1913 第一條流水生產線誕生

1936 電視廣播開始

1958 發明微芯片

1982 壓縮光盤問世

1764 多軸紡紗機提高了紡紗的效率

約1839 發明攝影術

1852 第一架蒸汽飛艇被製造出來

1920年代 公共無線廣播開始

1939 第一架噴氣式飛機上天

1972 第一種視頻遊戲發展出來

1962 第一顆通訊衛星"電信之星"發射

什什什麼？

1990 萬維網建立

1997 多利綿羊被成功克隆

1769 瓦特製造了改進的蒸汽機

1876 發明電話

1926 首次實現了電視信號傳輸

1947 發明晶體管

1977 個人電腦被發明出來

1998 發明mp3播放器

1783 第一個熱氣球升空

1878 發明電燈泡

1952 第一條噴氣式航班投入服務

1979 手提電話逐漸出現

2003 第一條磁懸浮鐵路建成

1800 電池問世

1885 製造了第一輛汽油引擎的汽車

1895 發明電影

1900

不要踩到我的藍色山羊皮皮鞋！

這是靈感小精靈們的一大飛躍啊！

接下來會發生什麼？

1837 維多利亞時代開始

1905 阿爾伯特·愛因斯坦發表了狹義相對論

1948 冷戰開始

1973 悉尼歌劇院竣工

1756 莫扎特（Mozart）在奧地利的薩爾茨堡出生

1849 加州淘金熱開始

1914 第一次世界大戰爆發

1953 埃德蒙德·希拉里和夏爾巴人丹增登上珠穆朗瑪峰

1978 第一個試管嬰兒誕生

87 撒克·牛頓發表萬有引力理論

1769 庫克（Cook）船長到達了澳大利亞

1861 美國內戰爆發

1917 俄國革命爆發

1956 貓王（Elvis Presley）第一張專輯發佈

1986 切爾諾貝利核反應堆爆炸

1775 美國獨立戰爭爆發

1871 亨利·斯坦利在非洲找到了利文斯頓博士

1920 爵士樂時代開始

1961 前蘇聯首次把人送上太空

1989 柏林牆被推倒，東歐解體

把它來

1789 法國革命開始

1874 法國印象派首次舉行展覽會

1928 米老鼠在銀屏上大放異彩

1963 美國總統約翰·肯尼迪（John Kennedy）遇刺身亡

1994 尼爾森·曼德拉（Nelson Mandela）當選南非總統

1804 拿破崙在法國加冕為皇帝

1929 華爾街危機爆發，導致了巨大的經濟危機

1968 美國人權運動領袖馬丁·路德·金（Martin Luther King）被射殺

2001 紐約的雙子塔被恐怖分子破壞

1889 埃菲爾鐵塔在巴黎竣工

1939 第二次世界大戰爆發

1969 美國首次派人登上了月球

1815 滑鐵盧戰役——拿破崙王位被廢

1898 瑪麗·居里和皮埃爾·居里發現了鐳

1945 第二次世界大戰隨着兩枚原子彈的爆炸而結束

術語表

3-D
即三維，指物體有厚度和體積，而不僅僅是二維平面。

空氣動力學（Aerodynamics）
關於氣流或風與諸如飛機、建築這樣的物體之間關係的數學研究。空氣動力學在設計過程中扮演了重要的角色，目的是幫助工程師取得最佳的安全與性能。

飛艇（Airship）
一種比空氣還輕的航空器，雪茄外形的船體通常包含了幾個充滿氫氣的氣球，並且利用汽油引擎來獲取動力。但不同於氣球的是，氣球隨風吹到哪兒是哪兒，而飛艇則是可以駕駛或者操縱的。

交流電（Alternating current）
電流不斷改變方向。開始是這個方向，然後變成反方向，再變回原先的方向。現代的發電站提供交流電。

弧光燈（Arc light）
一種利用電流在碳棒之間弧光放電形成的強光來照明的電燈。

裝配線（Assembly line）
一種快速製造諸如汽車、洗衣機等商品的方式，由亨利·福特於1913年首先引入。製造中所需的各種物品被放在傳送帶上傳送，而工人在傳送帶邊上排好，每個人負責重複地做一件事，比如安裝一扇門或者加裝一個緩衝器等等。

原子彈（Atomic bomb）
一種依靠核裂變（參見條目）釋放出巨大核能從而引起破壞性爆炸的炸彈。第二次世界大戰正是因為空投了兩顆原子彈而提前結束。

二進制碼（Binary code）
一種現代電腦裏使用的系統，在這套系統裏信息存儲和任務的執行都是使用由"0"和"1"來編碼的代碼。

槍炮後膛（Breech）
槍炮的一部分，在槍管的後部，裝有彈藥殼。

無線電波探測器（Cat's whisker）
早期的收音機上用來檢測無線電信號的設備。它包括一根金屬線，收聽者能夠用來繞着一個特殊的晶體不斷調整位置，直到接受到信號。由於操作起來太費勁，因此很快就被電子管所取代。

陰極射線（Cathode ray）
參見"電子束"條目。

克隆（Cloning）
為有機體製造一個完全一致的副本，使得它們有同樣的基因（基因是承載遺傳信息的單位）。

凹透鏡（Concave lens）
一種表面向內彎曲的透鏡，可以使得遠處的物體看起來比真實情況近一些，小一些。

凸透鏡（Convex lens）
一種表面向外彎曲的透鏡，可以使得物體看起來比真實情況要大。凸透鏡一般用來做放大鏡。

電流（Current, electric）
電子在導體內的流動，比如在銅線中。（亦可參考"交流電"和"直流電"條目）

汽缸（Cylinder）
管狀的空腔，內含活塞（參見相應條目），可以在蒸汽或汽油引擎中找到。活塞會在汽缸內被來回驅使，從而產生運動。

數據（Data）
存儲在電腦內的信息。

直流電（Direct current）
電流只流向一個方向，跟不斷改變方向的交流電正好相反。愛迪生的第一座發電站提供的就是直流電，但很快交流電就成為標準電流。

彈射座椅（Ejector seat）
一種利用爆炸作為推動力的安全裝置，用在軍事航空器中，可以在緊急情況時將航行器中的人員彈射到航空器之外。

電磁鐵（Electromagnet）
一種將電流通過環繞在鐵芯的線圈而形成的磁鐵。電流能產生磁場，因此只要有電流鐵芯就能變成磁鐵。

電子（Electron）
在原子外層發現的帶負電荷的粒子。

電子束（Electron beam）
一股電子流，也被稱為陰極射線，主要用於電視機和電子顯微鏡中。

電子學（Electronics）
使用的器件中利用一個電路中的電流控制另一個電路中的電流。例如在電視機中，從天線中傳來的電信號控制電子束的運動在熒屏上形成圖像。現代電腦也是依靠諸如晶體管這樣由電子控制的器件來實現其複雜的功能的。

熒光燈（Fluorescent lamp）
一種利用汞蒸汽發出的輻射引發燈內部的磷光質塗層發光的電燈。

水上飛機（Flying boat）
一種能在水上起飛並降落在水上的飛機。

飛梭（Flying shuttle）
一種18世紀時發明的用於加速紡織過程的自動裝置。可通過能快速移動的重物（類似於錘子）來操作飛梭在經線中高速地來回移動並帶動緯線。這意味着，當編織一塊寬布時，一個織布工就可以在一個固定的位置操作一台織布機，而不需要一名助手來抓住織布梭再將其扔回去。

飛輪（Flywheel）
一種很大很重的輪子，通過防止速度的突然變化來保證引擎平穩運轉。

化石燃料（Fossil fuels）
數百萬年前掩埋在地下的有機物腐爛後生成的燃料，比如煤、石油和天然氣。通過燃燒這些燃料會產生"溫室氣體"，導致全球變暖（參見相應條目）並破壞我們的星球。

齒輪（Gears）
有鋸齒的輪子，相互間可以嚙合，用在引擎、機器或車輛中改變運動的速度和方向。

全球變暖（Global warming）
一種使得我們的星球變熱的過程，導致了很多普遍問題，比如洪水、乾旱、風暴、森林大火和冰冠融化等。許多科學家相信燃燒化石燃料並產生過量的"溫室氣體"是導致全球變暖的原因。

溫室氣體（Greenhouse gases）
諸如甲烷、二氧化碳和水蒸氣這樣的氣體，它們會在地球上空形成覆蓋層，使來自太陽的熱量難以散發。這種"溫室效應"是一種能讓我們保持溫暖的自然現象，但是我們也許正在因為產生過量的溫室氣體使得地球升溫而破壞了自然界的平衡。（參見條目"全球變暖"）

混合動力汽車（Hybrid car）
一種既有汽油引擎也有電動機的汽車，這種汽車會根據行進的速度來選擇用哪一種動力來推動。

高超音速（Hypersonic）
行進速度至少比聲音快五倍的速度。

洲際彈道導彈（ICBM）
一種從陸地或海洋向很遠的目標

發射並由遠程制導的導彈。洲際彈道核導彈是由火箭推進並以高速通過大氣層邊緣，然後投向地面。

工業革命（Industrial Revolution）

一場始於大約250年前的英國並隨即遍佈整個西方世界，改變了人們生活和工作方式的革命。工業革命由許多的發明引起，這些發明導致了大型工廠的建立，比如動力織布機。隨着時間的推移，這些工廠使得人們遠離家中或在田地裏勞作，匯集到過於擁擠的城市中。

內燃機（Internal combustion engine）

一種在密閉缸體裏燃燒燃料的引擎，而不是像蒸氣引擎那樣在外部燃燒燃料。內燃機有三種類型：汽油機，用在汽車和摩托車；柴油機，主要用在重型機械內，比如卡車和火車；渦輪噴氣發動機，用於噴氣式飛機。

避雷針（Lightning conductor）

一種安裝在建築物頂部的錐形金屬杆，將金屬杆和地面連接從而保護建築物不受閃電的破壞。它能將閃電電擊的電流安全地引導至地面，而不是讓其穿過建築物本身。

微芯片（Microchip）

一種由叫半導體（如硅）的特殊材料製成的很小的薄片。它能夠在微縮的尺寸上將分離的電子元件，比如晶體管、電容和電阻組合到一塊電路板上。由於這些組成部分都是在一塊完整的半導體材料上集成的，所以微芯片也被稱為集成電路。

微處理器（Microprocessor）

電腦的大腦將許多微芯片的功能組合成一個單元，每秒鐘能夠運行幾十億次。一個典型的微處理器芯片包括五千萬個晶體管。這些晶體管都是非常微小的，如果你把芯片放大，使最小的地方測量出來的尺寸為0.1毫米（0.004英寸），那麼整個芯片將會有五層樓房那麼高。

微波（Microwaves）

一種與可見光和無線電波相關的輻射（能量以波的形式的傳播）。

單翼機（Monoplane）

只有一對機翼的飛機。

槍口（Muzzle）

槍筒的開口端。

核裂變（Nuclear fission）

將諸如鈾這樣的重原子分裂並釋放出能量來。現代核電站使用核裂變來發電。

核聚變（Nuclear fusion）

將諸如氘（氫的同位素）這樣的輕原子核結合在一起並釋放出能量。核聚變為氫彈提供了爆炸性的能量，但是我們相信將來有一天我們也能更好地利用核聚變來發電。

專利（Patent）

一種保證發明者或組織在一段固定時間內對其發明有獨家製造、使用和銷售權利的法律保護。這可以防止其他人從發明者的創意中獲利。作為報答，發明者要公開發明的全部細節，這樣的話在專利過期後每個人都能使用其發明。

撞擊（Percussion）

用一種固體材料去打擊另一種，比如打鼓或者其他的打擊樂器。在擊發槍中，一個擊鐵撞擊裝有特殊火藥的彈藥，這種彈藥會在撞擊中爆炸，從而使得擊發槍開火。

活塞（Piston）

跟圓柱體緊密結合的圓盤狀物體，通過驅動活塞在圓柱體內的來來回回而形成某種運動。

充氣輪胎（Pneumatic tyre）

內部充滿空氣的橡膠輪胎，通常用在自行車、汽車和飛機上。充氣輪胎乘坐起來要遠比實心橡膠輪胎平穩。

電腦程序（Program, computer）

一套存儲在電腦內存中的指令，用來告訴電腦各項操作命令的順序。

無線電信號（Radio signal）

一種附加了聲音、圖像或其他數據等信息的無線電波。無線電接收器能夠通過天線得到信號並將附加信息還原成聲音等信息。

無線電波（Radio wave）

一種與光和X射線相關的輻射（能量以波的形式傳播），能夠被調製（轉變）以便把有關聲音和圖像等信息傳送給收音機或電視機。在無線電報中，無線電波以脈衝的方式發射出去以傳送電碼訊息。

衛星（Satellite）

類似於月球的物體，繞地球或其他行星運行。人造衛星被送入繞地球的軌道，以便把電視、無線電和電腦信息從地球的一邊傳播到另一邊。

螺旋槳推進器（Screw propeller）

一種螺旋狀的推進器，用來驅動船在水中行進。它在19世紀中葉替代了原先用的明輪推進器。

熔煉（Smelting）

一種利用加熱從含有金屬的礦石中提取金屬的方法。

聽診器（Stethoscope）

一種幫助醫生傾聽患者內部聲音（比如心跳）的醫學儀器。

超音速（Supersonic）

行進速度比聲音的速度還快——即在20℃時超過1,240公里/小時（或在70華氏度時超過770英里/小時）。

上部結構（Superstructure）

在海軍的術語中，是指艦船或航行器中位於主甲板以上的部分，通常構成了艦船的指揮中心。

開關（Switch）

在電腦術語中，指諸如晶體管或電子管這樣的電子器件，能夠開啟或關閉電流。在多數現代電腦裏使用二進制（參見相應條目），電路開關為"關"時對應着"0"，電路開關為"開"時對應着"1"。

電信技術（Telegraphy）

將信號或信息傳輸到很遠距離的方法，比如用旗語、無線電波或電流脈衝等等。

鎢（Tungsten）

一種金屬元素，通常用於白熾燈泡裏，可以長時間發光而不會被熔化或蒸發。

紫外線（Ultraviolet light）

一種跟可見光和無線電波相關的輻射（能量以波的形式傳播）。

電子管（Valve, electronic）

一種看起來像燈泡的器件，用於使電流只朝一個方向流動。它也使得電流能夠被電子所控制。在晶體管被發明前，不同類型的電子管被廣泛應用於探測無線電信號，放大聲音和擔任電腦中的開關器件。

閥門（Valve, mechanical）

一種用於控制液體或氣體在管道中流動的設備，要麼打開要麼關閉，比如說廚房裏普通的水龍頭。有的閥門用於控制液體或氣體只往一個方向流動。

X射線（X-rays）

一種跟可見光和無線電波相關的輻射（能量以波的形式傳播）。

索　引

雙層
蒸汽內燃
三極管操縱
手推振動式沖茶器
（Beta版）

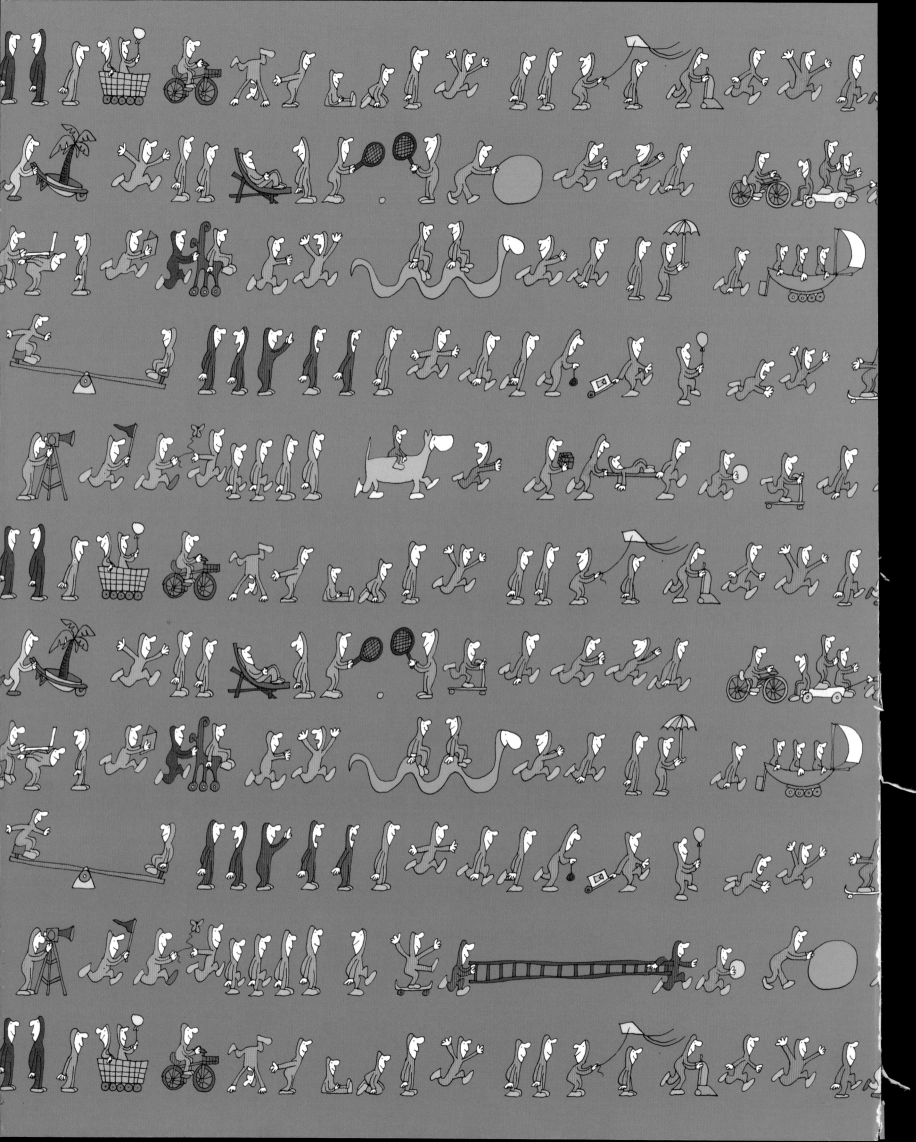